技能专家教诀窍丛书

油气管线安装识图

刘继胜　刘贵海　编著

石油工业出版社

内 容 提 要

本书主要介绍了管道工程的基础知识，管道安装施工中常用工具的型号、使用方法，管道连接方式，管道安装基础识图及画法训练。内容通俗易懂，贴近工作实际，是一本管道安装识图的入门速成书。

本书适合作为采油、输油员工培训和自学用书。

图书在版编目（CIP）数据

油气管线安装识图/刘继胜　刘贵海编著.
北京：石油工业出版社，2009.3
（技能专家教诀窍丛书）
ISBN 978-7-5021-6950-3

Ⅰ.油…
Ⅱ.①刘…②刘…
Ⅲ.石油管道－管道施工－识图法
Ⅳ.TE973

中国版本图书馆 CIP 数据核字（2008）第 203964 号

油气管线安装识图
刘继胜　刘贵海　著

出版发行：石油工业出版社
　　　　　（北京安定门外安华里2区1号　100011）
　　　　　网　　址：www.petropub.com
　　　　　编辑部：(010)64523582　图书营销中心：(010)64523633
经　　销：全国新华书店
印　　刷：北京中石油彩色印刷有限责任公司

2009 年 3 月第 1 版　2015 年 9 月第 2 次印刷
787×1092 毫米　开本：1/32　印张：6.75
字数：102 千字

定价：20.00 元
（如出现印装质量问题，我社图书营销中心负责调换）
版权所有，翻印必究

出 版 前 言

企业兴盛，人才为本。高技能人才队伍是中国石油天然气集团公司（以下简称"集团公司"）三支人才队伍的重要组成部分，在企业日常生产运行、技术创造发明和经营管理活动中具有不可替代的重要作用。近年来，集团公司高度重视技能人才的培养与使用，两级技能专家制度的建立，也为广大技能操作人员立足岗位成才、拓展发展道路、实现自身价值提供了良好的环境和机遇。实践证明，中国石油的任何一名员工，无论从事哪个职业，无论工作在哪个岗位，只要干一行、爱一行，钻一行、精一行，就能成为某一个领域内的专家，就能实现自我价值，得到企业的认可和人们的尊重。

尽管每个人的成才道路是不同的，但所有人成才之路都绝不是平坦的。集团公司的这些高技能人才，要么身经百战，技术水平高超，要么理论基础扎实，实践经验丰富，他们都是新一代石油工人的杰出代表，集中体现了忠诚企业、献身石油的坚定信念，刻苦钻研、追求卓越的进取精神，爱岗敬业、甘于奉献的优秀品质。

经过多年的努力，集团公司人才工作取得了很大成绩，但与国际大石油公司相比，现有高技能人才的数量、质量和结构还不能适应企业发展的需要。加快高技能人才队伍建设,壮大高技能人才队伍,已成为促进企业产业优化升级,推动技术创新和科技成果转化,保证装置、设备平稳运行和安全生产,提高企业核心竞争力的当务之急。一个人浑身是铁,又能打几根钉?我们组织这套《技能专家教诀窍丛书》,就是要搭建一个交流的平台,一方面将这些技能专家多年来积累的经验与做法传授给广大的青年员工,培养和带动更多的人走技能成才之路;另一方面,鼓励和吸引集团公司的高技能人才不断总结、提升、发扬自己的经验和成果,为集团公司员工培训教材的出版发挥积极作用,从而为集团公司人才队伍的建设贡献自己的力量。

我们衷心地希望,本套丛书的出版,能够实现组织者的初衷,能够让越来越多的实用性技术和宝贵经验被总结和出版,进而广为传播,让个人的聪明才智成为集体共享的资源,共同在奉献能源、创造和谐的宏伟事业中,创造出更多更辉煌的成绩!

2008 年 10 月

前 言

随着采油工程技术的不断发展,采油、输油工艺管路安装技能越来越受到员工和员工培训部门的重视,为了提高采油、输油员工的业务技能,满足有关行业的技能培训需要,我们编著了《油气管线安装识图》这本书。

在编这本书之前,我们走访了很多采油厂,广泛征求各采油厂、采油矿的油、水、井站技术人员及广大员工的意见,最后决定把了解和熟练掌握油、水、井站的管道工艺流程图及安装图的识读作为本书的主要内容。本书将管道的基础知识、工具用具的型号、使用方法、管道的连接形式、管道工程图的常用术语、表示方法及绘图方法有机地结合在一起,系统、全面地介绍了采油、输油工艺管路安装图识读方法,使读者易于理解和掌握。本书在编写中,根据读者实际情况,坚持作到理论讲述浅显易懂、深入浅出及理论与实际相结合的原则,以期达到学以致用的目的。相信对读者能起到快速入门和提高的作用。

在本书的编写过程中,大庆技师学院、大庆油田培训中心给予了大力支持,车太杰、任凤荣、李军、李松林、刘波等同志也对本书的编写给予了关心和支持,在此一并表示感谢。

由于编者的知识及经验方面的局限性,书中难免存在不妥之处,敬请读者批评指正。

编 者
2008年4月

目 录

第一章 概述 ··· 1
 第一节 管道工程的标准化简述················ 1
 第二节 管道的组成与分类························ 2
 第三节 管材标准化·································· 6
 第四节 不同类型的管子及常用管件············ 9
 第五节 常用阀门····································· 26
第二章 管道工程常用工具、用具、机具及设备 ··· 48
 第一节 常用量具及工具··························· 48
 第二节 常用机具····································· 63
 第三节 常用工具、机具安全操作技术·········· 67
第三章 管道连接·· 72
 第一节 螺纹连接····································· 72
 第二节 法兰连接····································· 78
 第三节 焊接连接····································· 86
 第四节 承插连接····································· 90
第四章 管道工程图概论·································· 97
 第一节 管道工程图常用术语····················· 97
 第二节 管道施工图的分类························ 99
 第三节 管子、管件、阀门等常用图例符号··· 103
 第四节 管道施工图表示方法···················· 107
 第五节 管道施工图的识读······················· 113

第五章　管道的单线图与双线图……………… 118
　第一节　单线图和双线图…………………… 119
　第二节　管子的积聚………………………… 124
　第三节　管子的重叠………………………… 126
　第四节　管子的交叉………………………… 130
　第五节　管线正投影图的识读……………… 132
第六章　管道的轴测图………………………… 135
　第一节　轴测图的概念……………………… 135
　第二节　正等轴测图………………………… 139
　第三节　斜等轴测图………………………… 151
第七章　工艺管路安装图训练………………… 160
　第一节　管线、管件、阀件基础识图及
　　　　　基础训练…………………………… 160
　第二节　管路图的综合训练………………… 172
　第三节　综合训练——平装管道安装图训练 … 174
　第四节　综合训练——立装管道安装图训练 … 190
参考文献………………………………………… 205

第一章 概 述

第一节 管道工程的标准化简述

管道一般由管子、管件、阀门、支吊架、仪表装置及其他附件所组成。要想掌握管道施工技术，必须熟悉管材及附件。如果这些零部件的规格杂乱无章，将会给设计、制造、施工和管理带来不便。因此，管道标准化是管道工程的关键环节。

一、管道工程标准化的目的

标准化是伴随着近代工业和现代科学技术发展而形成的管理科学。管道工程标准化是管道工程现代化的重要组成部分，它的主要作用如下。

(1) 提高管道工程的经济效益。通过管道工程标准化，以科学的方法、合理的方式，使设计、材料、设备加工制造以及施工、运行管理达到经济上的最大化。

(2) 促进新技术、新工艺、新材料和新设备的推广和应用。

(3) 通过确定质量等级，促进设计、生产、施工和运行管理等各个方面的协调与联系。

(4) 提高管道附件的通用化水平和比率。根据选优原则和合理分挡方法,科学地安排各种材料、设备的品种、规格,以较少的品种满足尽可能多的需要,从而提高产品的批量。同时,通过提高附件通用化水平和比率,更有利于实现专业化,采用先进技术,从而提高工程技术水平和劳动生产率。

二、管道工程标准化的内容

管道工程标准化的主要内容是统一管子、管件的主要参数与结构尺寸。其中最重要的内容之一是直径和压力的标准化和系列化,即管道工程常用的工程直径系列和公称压力系列。管道工程标准化也就是根据当前的科学技术基础,结合生产实践经验,由有关方面协商一致,经主管部门批准,以特定形式发布,作为有关行业共同遵守的技术文件,并贯彻执行。

第二节 管道的组成与分类

生产和生活中的各种管路统称为管道,无论其数量、尺寸与形式如何。一般管道都由管子、管件、阀门、支吊架、仪表装置及其他附件所组成。其作用是按生产工艺要求把有关的机器和设备及仪表装置等连接起来,以输送各种介质。

一、按《压力管道设计单位资格认证与管理办法》分类

按国家质量技术监督局，质技监局锅发[1999] 272号《压力管道设计单位资格认证与管理办法》，管道可分为以下三类。

（1）长输管道。是长距离输油管道和长距离输气管道及其他长距离物料输送管道的简称。其管径一般较大，有各种辅助配套工程，是继公路运输、铁路运输、航空运输、水上运输之后出现的第五种长距离运输方式。

（2）公用管道。一般包括城市与建筑小区给排水管道、燃气管道、热力管道以及室内给排水管道、煤气管道、采暖通风管道、污水处理场和锅炉房的管道等。

（3）工业管道。是为工业生产输送介质的管道。这种管道的种类很多，要求较高，可分为工艺管道和动力管道两种。工艺管道一般是指直接为产品生产输送主要物料（介质）的管道，所以也称为物料管道，如输送氧气、乙炔、煤气、氯气、氢气、氮气、压缩空气、天然气、石油、硫酸、盐酸、硝酸、液氨等介质的管道。动力管道是指为生产设备输送的介质是动力媒介物的管道，如为风动设备输送压缩空气的管道,为蒸汽机输送蒸汽的管道,为汽轮机输送蒸汽的管道等。

二、按管道在生产中的功能分类

管道按在生产中的功能分为以下两类。

(1) 物料管道。用来输送原料、半成品、成品或废料的管道。这是生产中的主要管道。

(2) 辅助管道。用来输送辅助介质的管道,如加热用的蒸汽管道、冷却用的冷却水管道、清洗物料用的清水管道和吹除用的压缩空气管道等。

三、按管道的设计压力分类

管道按设计压力 p 分为以下五类。

(1) 真空管道。一般指 $p < 0$ 的管道。

(2) 低压管道。一般指 $0 \leqslant p \leqslant 1.6\text{MPa}$ 的管道。

(3) 中压管道。一般指 $1.6\text{MPa} < p \leqslant 10\text{MPa}$ 的管道。

(4) 高压管道。一般指 $10\text{MPa} < p \leqslant 100\text{MPa}$ 的管道。

(5) 超高压管道。一般指 $p > 100\text{MPa}$ 的管道。

四、按管道的工作温度分类

管道按工作温度分为以下三类。

(1) 低温管道。一般指工作温度低于

-20℃的管道。

(2) 常温管道。一般指工作温度为 -20～200℃的管道。

(3) 高温管道。一般指工作温度高于200℃的管道。

五、按管道的材质分类

管道按材质分为以下三类。

(1) 金属管道。金属管道的种类很多，主要有碳钢管道、铸铁管道、不锈钢管道和有色金属管道等。

(2) 非金属管道。常用的非金属管道有塑料管道、陶瓷管道、玻璃管道、石墨管道等。

(3) 衬里管道。常用的衬里管道有衬橡胶管道、衬铅管道、衬塑料管道和衬玻璃管道。

六、按介质的毒性与易燃程度分类

根据《工业金属管道工程施工及验收规范》（GB 50235—1997）的规定，将管道分为A、B、C、D四类。

A类管道适用范围：输送剧毒介质的管道；高压管道。

B类管道适用范围：$1.6MPa \leqslant p < 10MPa$，输送有毒或易燃介质管道；动力蒸汽系统管道。

C类管道适用范围：$p < 1.6MPa$，输送有

毒或易燃介质管道；$p < 1.6\text{MPa}$ 且设计温度低于 $-29℃$ 或高于 $186℃$，输送无毒或非易燃介质的管道；$1.6\text{MPa} \leqslant p < 10\text{MPa}$ 输送无毒或非易燃介质的管道。

D 类管道适用范围：$p < 1.6\text{MPa}$，设计温度为 $-29 \sim 186℃$，输送无毒或非易燃介质的管道。

第三节　管材标准化

一、公称直径

管子和管路附件的公称直径是为了设计、制造、安装和修理的方便而规定的一种标准直径。一般情况下，公称直径的数值既不是管子的内径，又不是管子的外径，而是与管子的外径相接近的整数。例如，水—煤气钢管和无缝钢管，其外径为固定的系列数值，其内径随着壁厚的增加而减小。

公称直径用符号 DN 表示，其后附加公称直径的数值。例如，公称直径为 100mm，用 DN100 表示。对采用螺纹连接的管子，公称直径也可用相应的管子螺纹尺寸（in[❶]）表示。例如，公称直径为 100mm 时，用 DN4in 表示。

管子和管路附件的公称直径见表 1-1。从

[❶] 1in=2.54cm。

表中可看出,公称直径由 1~4000mm 共分 51 个级别,其中 15、20、25、32、40、50、65、80、100、125、150、200、250、300、350、400、500、600、800、1000(单位均为 mm)等 20 个级别是管道工程中最常用的,应熟记。

表1-1 管子和管路附件的公称直径

公称直径,mm								
1	8	40	150	350	800	1400	2400	3600
2	10	50	175	400	900	1500	2600	3800
3	15	65	200	450	1000	1600	2800	4000
4	20	80	225	500	1100	1800	3000	
5	25	100	250	600	1200	2000	3200	
6	32	125	300	700	1300	2200	3400	

二、公称压力、试验压力、工作压力和设计压力

(一)公称压力

公称压力是为了设计、制造和使用的方便而规定的一种标准压力(在数值上它正好等于第一级工作温度下的最大工作压力),用 PN 表示,其后附加压力数值。例如,公称压力 10MPa,用 $PN10$ 表示。

(二)试验压力

试验压力是为了对管子及管路附件进行水

压强度试验和严密性试验而规定的一种压力，用 ps 表示，其后附加压力数值。例如，试验压力为 15MPa，用 ps15 表示。

管子和管路附件的公称压力与试验压力见表 1-2。

表 1-2　管子和管路附件的公称压力与试验压力

公称压力 MPa	试验压力 MPa	公称压力 MPa	试验压力 MPa	公称压力 MPa	试验压力 MPa
0.05	—	6.4	9.6	50.0	70.0
0.1	0.2	8.0	12.0	64.0	90.0
0.25	0.4	10.0	15.0	80.0	110.0
0.4	0.6	13.0	19.5	100.0	130.0
0.6	0.9	16.0	24.0	125.0	160.0
1.0	1.5	20.0	30.0	160.0	200.0
1.6	2.4	25.0	38.0	200.0	250.0
2.5	3.8	32.0	48.0	250.0	320.0
4.0	6.0	40.0	56.0	—	—

从表 1-2 中可以看出，公称压力由 0.05～250.0MPa，共 26 个级别。其中 0.25、0.4、0.6、1.0、1.6、2.5、4.0、6.4、10.0、16.0、20.0、32.0（单位均为 MPa）等 12 个级别是管道工程中最常用的，应熟记。

（三）工作压力

工作压力是为了保证管路工作时的安全，根据介质的各级最高工作温度所规定的一种最大压力。最大工作压力是随着介质工作温度的升高而降低的，这是因为输送高温介质时，随着温度的升高，制件材料的机械强度降低了。工作压力用 p_t 表示，其中 t 为介质的最高工作温度除以 10 所得的整数。例如，介质最高工作温度为 300℃，工作压力为 4.0MPa 用 $p_{30}4.0$ 表示；介质最高工作温度为 425℃，工作压力为 32.0MPa，用 $p_{43}32.0$ 表示。

（四）设计压力

设计压力是管道设计所必须的条件，一般应略高于由内压（或外压）与温度构成的最苛刻条件下的最高工作压力。为了操作上的方便，可在相应工作压力的基础上增加一个裕度系数，即安全系数，用符号 p 表示，单位为 MPa。

第四节 不同类型的管子及常用管件

管材、管件是管道工程中最主要的施工用料，由于输送的介质及其参数不同，对管材、管件的要求也各异。因此，在石油、化工生产中，常用管材、管件的种类很多。

一、不同类型的管子

按材料管子可分为金属管、非金属管和衬里管三大类。

管子的规格一般是这样表示的:对于无缝钢管和直缝卷制电焊钢管,用外径×壁厚表示;例如:外径为108mm,壁厚为4mm的无缝钢管表示为$\phi 108 \times 4$;外径为377mm,壁厚为9mm的直缝卷制电焊钢管表示为$D377 \times 9$。对于低压流体输送钢管(俗称水煤气管),一般用它们的公称直径来表示,例如,对于公称直径为50mm的水、煤气管表示为水、煤气管$DN50$。对于铸铁管一般也用它们的公称直径来表示,铸铁管公称直径与内径数值相等。例如,对于公称直径为100mm的铸铁管表示为$DN100$。

(一) 金属管

金属管在管路中应用极为广泛,现将常用的金属管介绍如下。

1. 钢管

钢管分为有缝钢管和无缝钢管两大类。

(1) 有缝钢管又称为焊接钢管。可分为低压流体输送钢管和电焊钢管两类。低压流体输送钢管是由扁钢管坯卷成管形并沿缝焊接而成的,因此,常用来输送水和煤气,故俗称为水煤气管。水煤气管可分为镀锌的和不镀锌的；普通的和加厚的；带螺纹的和不带螺纹的等类型。

水煤气钢管广泛应用在小直径的低压管路上，如给水、煤气、暖气、压缩空气、蒸汽、凝结水、废气、真空及某些物料管路。普通钢管正常工作压力不大于 0.6MPa（表压），加厚钢管正常工作压力不大于 1MPa（表压）。正常工作温度不宜超过 175℃。最大水压试验压力：普通钢管为 2MPa，加厚钢管为 3MPa。

电焊钢管是由软钢板条卷成管形后焊接而成的钢管，分直焊缝和螺旋焊缝两种类型。

直焊缝的电焊钢管，又可分为小直径电焊钢管和大直径电焊钢管两类。小直径的电焊钢管外径为 5～152mm，壁厚为 0.5～5.5mm。大直径的电焊钢管又称钢板卷管，其外径为 530～2020mm。壁厚为 4～16mm。螺旋缝电焊钢管外径为 219～720mm，壁厚为 6～7mm。电焊钢管可用于压力不高或无严格要求的管路上。电焊钢管的正常工作温度不宜超过 200℃。

（2）无缝钢管是由圆钢坯加热后，经穿管机穿孔轧制（热轧）而成的或者再经过冷拔而成为外径较小的管子，因为它没有接缝，所以称为无缝钢管。

无缝钢管按照制造方法不同，又分为热轧无缝钢管和冷拔无缝钢管两类。热轧无缝钢管的规格为：外径为 32～630mm，壁厚为 2.5～75mm，管长为 4～12.5m；冷拔无缝钢管的规格为：外径为 2～150mm，壁厚为 0.25～14mm，管长为 1.5～9m。

无缝钢管强度高，可用在重要管路上，如高压蒸汽和过热蒸汽的管路、高压水和过热水管路、高压气体和液体管路以及输送燃烧性、爆炸性和有毒害性的物料管路等。各种热交换器的管子大都采用无缝钢管。中、低压管路无缝钢管的最高工作温度：碳钢为250℃；优质碳钢（如10号钢）为450℃。高压管路均是用优质碳钢（如20号钢）制成的无缝钢管，最高工作温度为200℃。

输送强腐蚀性或高温的介质时，采用不锈钢、耐酸钢或耐热钢制的无缝钢管。这种无缝钢管也可用热轧而成或再冷拔成尺寸较小的管子。热轧管的规格：外径为 6～89mm，壁厚为 1～7mm，长度为 1.5～7m。耐热钢管最高工作温度为850℃。

输送高压水时，可以采用厚壁无缝钢管，它的外径为 12～219mm，壁厚为 3.5～40mm，长度为 3～4mm，最高工作温度为 375℃。

2．铸铁管

铸铁管分为普通铸铁管和硅铁管两类。

(1) 普通铸铁管一般用灰口铁铸造，耐蚀性好，但质脆，不抗冲击。常用于埋地给水管道、煤气管道和室内排水管道。

给水铸铁管有低压（$p=0.45$MPa）、常压（$p=0.75$MPa）和高压（$p=1$MPa）管三种，直径 50～1500mm，壁厚 7.5～30mm，管长有 3m、4m、6m 三种。

管端形状分承插式和法兰式两种，其中以承插式最常用。

排水铸铁管只有承插式一种。直径 50～200mm，壁厚 4～7mm，长度有 0.5m、1m、1.5m、2m 等多种，但一般为 2m。

排水铸铁管比给水铸铁管壁薄，承口也浅，使用时可根据外形加以判别。

(2) 硅铁管可分为高硅铁管和抗氯硅铁管两种。高硅铁管能抵抗多种强酸的腐蚀，而含钼的抗氯硅铁可抗各种浓度和温度的盐酸，因此是很好的耐腐蚀管材。高硅合金铸件硬度大，只能用金刚砂轮修磨或用硬质合金刀具来加工。这种制件受到轻微敲击、局部受热或急剧冷却时，皆易破裂，但是由于其耐腐蚀性好，所以广泛应用于管路中。

高硅铸铁管和抗氯硅铸铁管的内径为 32～300mm，壁厚为 10～16mm，长度为 1.5～2m。用于输送公称压力低于 0.25MPa 的腐蚀性介质。硅铁管的耐热性能好，可达 900℃。

硅铁管的两端有供连接用的凸肩，利用对开式的松套法兰连接。

3．紫铜管和黄铜管

紫铜管和黄铜管都是拔制或挤制而成的无缝管，主要用于制造换热设备、制氧设备中的低温管路以及机械设备中的油管和控制系统的管路。

拔制紫铜管外径为 3～360mm，壁厚为 0.5～10mm；压制紫铜管外径为 30～280mm，壁厚为 5～30mm。管长均为 1～6m，随管子外径与制造方法而异。拔制的盘状紫铜管直径较小，每盘管子长度从十几米至数十米，黄铜管外径为 3～195mm。当工作温度高于 250℃时，不宜在此压力下使用紫铜管和黄铜管。

紫铜管和黄铜管可以采用焊接连接、法兰连接和螺纹连接。

4．铝管

铝管是拔制而成的无缝钢管，它主要用在

输送浓硝酸、醋酸、甲酸及其他介质的管路中，不抗碱。铝管外径为 6~120mm，壁厚为 1~10mm，管长可达 6m。当工作温度高于 160℃时，不宜在压力下使用铝管。铝管的连接采用焊接连接和法兰连接。

5. 铅管

铅管对硫酸具有良好的耐腐蚀性，因此广泛应用于硫酸工业中，但由于铅管有强度低、密度大、抗热性能差等缺点，故近来已逐渐被各种耐酸合金管与塑料管所代替。

铅管的内径为 8~150mm，壁厚为 2~10mm。内径小于 55mm 的铅管多制成盘管，内径大于 60mm 时才做成直管，每根长 2~2.5m。由于铅易于辗压、锻制和焊接，所以大直径的铅管很容易用铅板焊制而成；也可以在铅中加入 8%~10% 的锑，形成铅锑合金，此合金通常称为硬铅，它可用于铸造铅管。

铅管的连接可采用焊接连接和法兰连接。工作温度高于 140℃时，就不宜在压力下使用铅管。

(二) 非金属管

非金属管在化工管路系统中占有特别重要的地位，它有逐渐代替金属管的趋势。现将几种常用非金属管介绍如下。

1. 陶瓷管

陶瓷管的化学耐腐蚀性很好,除氢氟酸外,对其他物料都是耐腐蚀的,对磷酸与碱类耐腐蚀性较差。陶瓷管可用在输送工作压力为 0.2MPa 及温度在 150℃ 以下的腐蚀性介质。

陶瓷管内径为 25～300mm,壁厚为 10～28mm,管长为 0.3m、0.5m、0.7m、1m 等数种。

陶瓷管可分为两端有凸肩的和承插式两种,前者采用活套法兰连接,后者采用承插式连接。

2. 玻璃管

玻璃管的化学耐腐蚀性很好,除氢氟酸、含氟磷酸、热的浓磷酸以及浓碱液外,对大多数酸类、稀碱液及有机溶剂等均耐腐蚀。用于制造化工管路的玻璃管,有热稳定性与耐腐蚀性能良好的硼玻璃管和不透明的石英玻璃管两种。玻璃管的优点是耐腐蚀性好、清洁、透明、易于清洗、流体阻力小、价格低廉;它的缺点是耐压低,容易损坏。玻璃管可用于温度为 -30～150℃、且温度急变不超过 80℃ 的介质,高强度玻璃管的工作压力可达 0.8MPa。

硼玻璃管的外径为 25～150mm,长度为 1～3m;不透明的石英玻璃管的外径为 70～

250mm，长度为 1.1～1.44m。小直径的透明石英玻璃管也有生产。

玻璃管可以采用承插式、活套法兰和套筒式的连接方式。

3．塑料管

塑料管重量轻、耐腐蚀性能好，广泛用于化工管路中，也可用于排水和煤气管道。常用的塑料煤气管道有以下几种。

（1）硬聚氯乙烯塑料管。硬聚氯乙烯塑料是用聚氯乙烯树脂加入稳定剂、润滑剂等材料制成的，它能抵抗任何浓度的各种酸类、碱类和盐类的腐蚀，但不能抵抗强氧化剂（如浓硝酸、发烟硫酸等）以及芳香族碳氢化合物的作用。

硬聚氯乙烯塑料管可以输送压力为 0.05～0.6MPa、温度为 -10～40℃ 的腐蚀性的介质，能耐温 60℃。由于塑料管传热性差，不能用于保温。我国生产硬聚氯乙烯塑料管的公称直径为 8～200mm，长度在 3m 以上。

硬聚氯乙烯塑料管的连接有焊接和法兰连接两种形式。

（2）酚甲醛塑料管。酚甲醛塑料能抵抗多种酸类（硝酸、铬酸和浓度在 50% 以下的硫酸）的作用，但不能抵抗苯胺、溴、碘等溶剂的作用。酚甲醛塑料管可分为两种：一种是用酚甲醛树脂加入填料（纯石棉、石棉掺石墨粉、石棉掺砂）作为主要成分所制成的石棉酚醛塑料管，通称"法奥利特"管；另一种是用浸渍过酚甲醛树脂的棉布卷压而成的夹布酚醛塑料管。夹布酚醛塑料管的公称直径为25～150mm，管长为1.5～2m，试验压力为0.5～0.8MPa，宜于输送压力低于0.3MPa及温度低于80℃（最高温度为100℃）的介质。石棉酚醛塑料管的公称直径为32～200mm，管长为1～2m。试验压力为0.3～0.6MPa，主要用来输送最高温度为120℃的酸性介质。

酚醛塑料管的管端都带有凸肩，可用活套法连接。

（3）聚乙烯和尼龙塑料管。聚乙烯和尼龙塑料管应用于煤气管道系统中埋地管道部分。它们的公称直径为20～250mm，普通管壁厚为2.3～14.8mm，加厚管壁厚为3～22.7mm。

聚氯乙烯塑料管分高密度和中密度两种，中密度聚乙烯塑料管比高密度聚乙烯塑料管柔性好。聚乙烯塑料管的连接方式为电熔焊（管件本身有发热元件）、对接焊和热熔承插焊。

尼龙是一种工程塑料，强度高，使用温度范围广。尼龙塑料管的连接方式是采用管件和专用黏接剂连接。将溶剂涂入管材和管件接触面并溶解表面，然后蒸发，从而产生永久的高强度密闭接口。

聚乙烯和尼龙塑料管与金属管相比具有抗震性好、连接严密、经济和安装方便等优点。缺点是怕紫外线照射，不能见光，所以只能作埋地管道。

（4）玻璃钢管。玻璃钢管是以玻璃纤维制品（玻璃布、玻璃带、玻璃毯）为增强材料，以合成树脂为黏接剂，经过一定的成型工艺制作而成。玻璃钢管集中了玻璃纤维和合成树脂的优点，具有密度小、强度高、耐高温、耐腐蚀、绝缘、隔音、隔热等性能，广泛用于化学工业管道系统中。

玻璃钢管的公称直径为20～1000mm，常温下最高工作压力为3MPa，最高工作温度为150℃。

玻璃钢管的连接方式有法兰连接和承插连接两种。

（5）橡胶管。橡胶管是用天然或人造橡胶与填料（硫酸、炭黑和白土等）的混合物，经加热硫化后制成的挠性管子。橡胶管能抵抗多种酸碱液，但不能抵抗硝酸、有机酸和石油产品。根据结构不同，橡胶管可以分为纯胶的小直径管、橡胶帆布挠性管和橡胶螺旋钢丝挠性管等数种。根据用途不同,橡胶管可以分为抽吸管、压力管和蒸汽管等数种。抽吸管内径为 25～357mm,长度为 7～9m,试验压力为 0.15～0.3MPa;压力管内径为 13～152mm,长度为 7～20m,试验压力为 0.3～1.5MPa,其容许的工作温度在 40℃ 以下;蒸汽管内径为 13～76mm,长度为 20m,试验压力为 3MPa,其容许的工作温度在 175℃ 以下。橡胶管只能用作临时性管路及某些管路的挠性连接件,不得作为永久性的管路。

4. 不透性石墨管

石墨可分为天然石墨和人造石墨两种。目前大多数以人造石墨(如电极石墨)为主。在人造石墨的制造过程中,由于高温焙烧而逸出挥发物,形成很多细微的孔隙,不但影响它的机械强度和加工性能,而且在用这样的石墨制成的设备和管子用于有压力的介质时,介质也会渗透出来。因此,石墨化工设备及管子需要采用适当的方法来填充孔隙,使其具有不透性,这样的石墨就称不透性石墨。用不透性石墨制造的管子称为不透性石墨管。

不透性石墨管按生产方法可分为:压型不透性石墨管和浸渍类不透性石墨管两种。不透性石墨化学性质稳定,线膨胀系数小,导热性好,不污染介质,因而能耐酸碱腐蚀,耐温度急变,并能保证产品的纯度,所以在盐酸、硝酸、硫酸、制碱工业中得到广泛的应用。

不透性石墨管的直径为 20 ~ 250mm,壁厚为 5 ~ 38.5mm,管长为 1.5 ~ 4m,宜于在压力低于 0.3MPa 及温度低于 170℃的场合使用。

5. 混凝土管和钢筋混凝土管

混凝土管和钢筋混凝土管可在专门的工厂预制,也可在现场浇制。混凝土管和钢筋混凝土管有三种形式:承插式、企口式和平口式。

混凝土管的管径一般不超过 600mm,长度不大于 1 m。为了抵抗外压力,直径大于 400mm 时,一般配加钢筋,制成钢筋混凝土管,其长度在 1 ~ 3 m。各种混凝土管、钢筋混凝土管的规格,详见相关的技术手册。

混凝土管和钢筋混凝土管便于就地取材,制造方便,而且可根据抗压力的不同要求制成无压管、低压管、预应力管等,所以在排水管道系统中得到普遍应用。混凝土管和钢筋混凝土管除用作一般自流排水管道外,钢筋混凝土管也用于泵站的压力管及倒虹管。它们的主要缺点是抗酸、碱侵蚀及抗渗性能较差,管节短,接头复杂。在地震强度大于 8 度的地区及饱和松砂、淤泥土质、冲填土、杂填土的地区不宜敷设。另外，大管径自重大，搬运不方便。

(三) 衬里管

凡是有衬里的管子，统称为衬里管。一般在碳钢管和铸铁管内衬里。作为衬里的材料很多，属于金属的有铅、铝和不锈钢等，属于非金属的有搪瓷、玻璃、塑料和橡胶等。衬里管可用于输送各种不同的腐蚀性介质，能节省贵重金属，降低工程费用，今后必将获得广泛地应用。

1. 衬橡胶管

衬橡胶管的基体一般为碳钢、铸铁，铸铁不应有砂眼、缩孔等缺陷。衬层有硬橡胶（如2169），半硬橡胶（如1751）、软橡胶（如1976）等。将衬层以黏结剂黏合在钢管的内壁上，再加以硫化即成为衬胶管。衬胶管没有统一标准，一般按图纸要求制造。

2. 衬玻璃管

衬玻璃管不仅具有优良的耐腐蚀性、耐磨性、光洁性，并克服了玻璃的脆性，提高了机械强度和耐温急变性能，同时制造简单，使用方便，成本较低，有着广泛的发展前途。

衬玻璃管按其生产工艺可分为吹制法衬玻璃管和膨胀法衬玻璃管两种。

吹制法衬玻璃管：将涂上底釉的钢管加热到赤红（800～900℃）状态，再用人工或压缩空气吹制的方法衬上玻璃。

膨胀法衬玻璃管：用电阻炉或中频透热控制设备将涂上底釉的钢管烧好，把玻璃管装入钢管内，再用电阻炉或中频透热设备加热，用压缩空气将玻璃衬上。膨胀法衬玻璃管目前只生产直管、套管，直管不许侧面带有小口。

3. 衬搪瓷管

化工搪瓷管是由含硅量高的瓷釉通过900℃左右的高温煅烧，使瓷釉密着于金属管表面而制成的。由于搪瓷层对金属的保护（搪瓷厚度一般为0.8～1.5mm），搪瓷具有优良的耐腐蚀性能和机械性能，并能防止某些介质与金属离子起作用而引起的污染，所以在石油、化工生产中，尤其是在医药、农药、合成纤维生产中得到广泛的应用。

4. 渗铝钢管

在低碳钢管表面渗铝或热浸镀铝后，便成渗铝钢管，这样可大大提高钢材的耐热抗氧化性能和对某些介质的耐腐蚀性能，减少或防止产品中铁屑的夹杂。因此，在化工生产中得到了广泛的应用。

热浸镀铝是将经过表面处理的钢管浸入熔

融的液铝中,保温一定时间,然后取出空冷,再经高温扩散退火而成。目前,可生产 6～7 m 长的各种口径的渗铝钢管。渗铝钢管最小口径约在 18mm 左右,因口径太小,内壁液铝在热浸后难以倒尽。

5. 塑料涂层钢管

将各种耐腐蚀的塑料以涂层的方法衬在钢管的表面,称塑料涂层管。常用的涂层有聚三氟乙烯(F-3)、氯化聚氯乙烯等。

随着石油化工的迅速发展,管路采用各种涂层来防腐将越来越多。目前,各化工厂和其他部门使用塑料涂层的管路品种繁多,尚没有统一的定型产品。

6. 衬铅管

根据钢管的内径,并考虑铅板厚度及施衬时所需要的间隙,计算出铅板的展开宽度,然后按展开宽度下好料,将料板卷制成铅管,焊好缝,用刮刀刮平,其焊道不能过高;将铅管仔细打圆,套入钢管内,即成为衬铅管。衬铅管主要应用于硫酸、磷酸、磷肥、化纤等工业。

衬铅管没有统一标准,一般按图纸要求加工制作。

二、常用管件

管件是管路中的重要零件,它起着连接管

子、改变管线走向、接出支管和封闭管路的作用。现将各种常用的管件介绍如下。

(一) 低压流体输送钢管管件

低压流体输送钢管的管件已经标准化,常用的管件及组对实例见图1-1、图1-2。

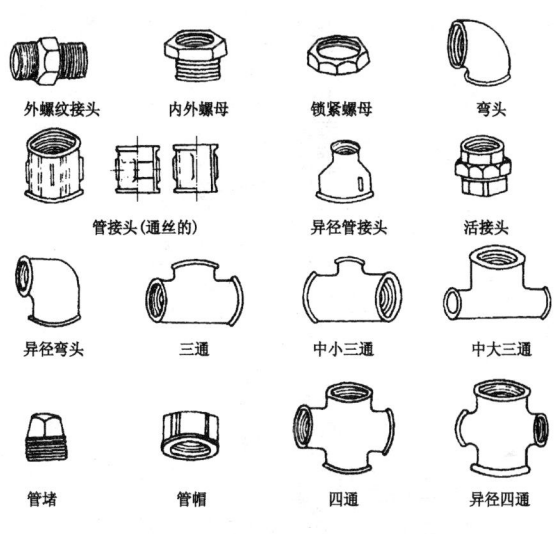

图1-1 可锻铸铁螺纹管件

(二) 无缝钢管和有色金属管管件

这类管件尚无标准化,多数采用管子或钢板就地弯曲焊接而成。对于 $DN125mm$ 以下的钢管,在工作压力小于 0.6MPa 而又不需要拆卸时,一般不用独立的管件,遇到弯头时用短管弯曲后直接焊接于管路上,三通也直接在管路上开孔。如果压力较高或需经常拆卸清理时，则应制成独立带法兰的管件，再用法兰连接于管路上。

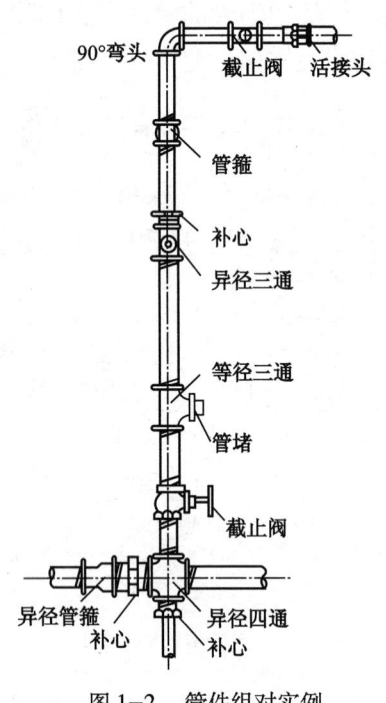

图 1-2　管件组对实例

第五节　常　用　阀　门

阀门是一种通过改变其内部通路面积来控制管路中介质流动的通用机械产品。

阀门规格品种繁多，而且阀门的新结构、

新材料、新用途不断发展。为统一制造标准，采用系列化、通用化和标准化。但应指出的是，我国过去曾生产的阀门系列与行业规定的系列不尽相同，在一些老装置中及部分生产系统还有非"三化"标准的阀门仍然在使用中。因此，在更换、订货时应特别注意，以免造成浪费。

一、阀门的分类及型号

阀门的种类繁多，称谓也不统一。既可按使用功能、公称压力分，也可按阀体材料分，详见表1-3。

表1-3 阀门的分类和使用范围

分类	阀门名称	作用及使用范围
按使用功能分	(1) 截断（或闭路）阀类	接通或截断管路中介质，包括闸阀、截止阀、旋塞阀、隔膜阀、球阀和蝶阀等
	(2) 止回（或单向、逆止）阀类	防止管路中介质倒流，包括止回阀和底阀
	(3) 调节阀类	调节管路中介质流量、压力等参数，包括节流阀、减压阀及各种调节阀
	(4) 分流阀类	分配、分离或混合管路中介质，包括旋塞阀、球阀和疏水阀等
	(5) 安全阀类	防止介质压力超过规定数值，对管路或设备进行超载保护，包括各种形式的安全阀、保险阀

续表

分类	阀门名称	作用及使用范围
按公称压力分	(1) 真空阀	工作压力用真空度表示
	(2) 低压阀	公称压力 $PN \leqslant 1.6MPa$
	(3) 中压阀	$1.6MPa < PN < 10MPa$
	(4) 高压阀	$10MPa < PN < 100MPa$
	(5) 超高压阀	公称压力 $PN > 100MPa$
按驱动方式分	(1) 手动阀	用人力操纵手轮、手柄或链轮驱动阀门
	(2) 动力驱动阀	利用动力源驱动阀门,包括电磁阀、气动阀、液动阀、电动阀及各种联动阀
	(3) 自动阀	凭借管路中介质本身能量驱动阀门,包括止回阀、安全阀、减压阀、疏水阀及各种自力式调节阀
按阀体材料分	(1) 铸铁阀	采用灰铸铁、可锻铸铁、球墨铸铁和高硅铸铁等
	(2) 铸铜阀	包括青铜、黄铜
	(3) 铸钢阀	包括碳素钢、合金钢和不锈钢等
	(4) 锻钢阀	包括碳素钢、合金钢和不锈钢等
	(5) 钛阀	采用钛及钛合金
按使用部门分	(1) 通用阀	广泛用于各种工业部门
	(2) 电站阀	应用于火力、水力、核电厂(站)
	(3) 船用阀	应用于船舶、舰艇
	(4) 冶金用阀	应用于炼铁、炼钢等冶金部门
	(5) 管线阀	应用于输油、输气管线
	(6) 水暖用阀	应用给排水、采暖设施

二、阀门型号表示方法

我国阀门型号表示方法由下列 7 个单元组成：

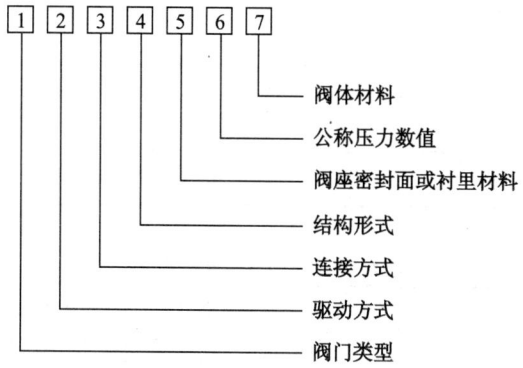

不同类型的阀门代号各不相同，具体类型及代号见表 1-4 至表 1-9。

表 1-4 阀门类型代号

阀门类型	代 号	阀门类型	代 号
闸阀门	Z	球阀	Q
截止阀	J	蝶阀	D
节流阀	L	隔膜阀	G
旋塞阀	X	减压阀	Y
止回阀	H	疏水阀	S
安全阀	A		

表1-5　阀门传动类型代号

传动类型	代号	传动类型	代号
电磁场	0	锥齿轮	5
电磁—液动	1	气动	6
电液动	2	液动	7
蜗轮	3	气—液动	8
直齿圆柱齿轮	4	电动	9

表1-6　阀门连接形式代号

连接形式	代号	连接形式	代号
内螺纹	1	对夹	7
外螺纹	2	卡箍	8
法兰	4	卡套	9
焊接	6		

表1-7　各类阀门结构形式代号

类型		结构形式	代号	类型	结构形式	代号
截止阀和节流阀		直通式	1	旋塞阀	直通式	3
		角式	4		T形三通式	4
		直流式	5		四通式	5
	平衡	直通式	6	油封	直通式	7
		角式	7		T形三通式	8

续表

类型	结构形式			代号	类型	结构形式		代号
闸阀	明杆	楔式	弹性闸阀	0	（弹性）安全阀	封闭	带散热片 全启式	0
			单闸板	1			微启式	1
		平行式	双闸板	2			全启式	2
			刚性 单闸板	3		不封闭	带扳手	全启式	4
							双弹簧微启式	3
	暗杆楔式		单闸板	4			微启式	7
			双闸板	5			全启式	8
球阀	浮动		直通式	1		带控制机构	微启式	5
		L形		4			全启式	6
		T形	三通式	5	减压阀	脉冲式		9
	固定		直通式	7		薄冲式		1
蝶阀			杠杆式	0		弹簧薄膜式		2
			垂直板式	1				
			斜板式	3		活塞式		3
隔膜阀			层脊式	1				
			截止式	3		管纹管式		4
			闸板式	7		杠杆式		5
止回阀和底阀	升降		直通式	1	疏水阀	杠杆式		5
			立式	2		浮球式		1
	旋启		单瓣式	4		钟形浮子式		5
			多瓣式	5		脉冲式		8
			双瓣式	6		热动力式		9

表1-8 阀座密封面或衬里材料代号

密封面或衬里材料	代号	密封面或衬里材料	代号
铜合金	T	渗氮钢	D
橡胶	X	硬质合金	Y
尼龙塑料	N	衬胶	J
氟塑料	F	衬铅	Q
锡基轴衬合金（巴氏合金）	B	搪瓷	C
合金钢	H	渗硼钢	P

表1-9 阀体材料代号

阀体材料	代号	阀体材料	代号
灰铸铁	Z	铬钼合金钢	I
可锻铸铁	K	铬镍不锈耐酸钢	P
球墨铸铁	Q	铬镍不锈耐酸钢	R
铜、铜合金	T	铬钼钒合金钢	V
碳素钢	C		

三、常用阀门

（一）闸阀

闸阀是最常用的截断阀之一，主要用来接通或截断管路中的介质，不适用于调节介质流量。闸阀适用的压力、温度及口径范围很大，尤其适用于中、大口径的管道。

1. 闸阀的主要优缺点

主要优点：流体阻力小；启闭较省力；介质流动方向一般不受限制。

主要缺点：高度大，启闭时间长；密封面易产生擦伤。

2. 闸阀的结构形式

闸阀按阀杆结构和运动方式分为明杆闸阀和暗杆闸阀。

（1）明杆闸阀的阀杆带动闸板一起升降，阀杆上的传动螺纹在阀体外部，因此，可根据阀杆的运动方向和位置，直观地判断闸板的启闭和位置，而且传动螺纹便于润滑和不受流体腐蚀，但它要求有较大的安装空间。

（2）暗杆闸阀的传动螺纹位于阀体内部，在启闭过程中，阀杆只做旋转运动，闸板在阀体内升降，因此阀门的高度尺寸小。暗杆闸阀，通常在阀盖上方装设启闭位置指示器，适用于船舶、管沟等空间较小和粉尘含量大的环境。

闸阀还可按闸板的结构不同分为楔式和平行式两类。

（1）楔式闸板又可分为刚性单闸板、弹性单闸板及双闸板等。

楔式刚性单闸板结构简单，尺寸小，使用

比较可靠。但楔角的加工、配合精度要求较高，易发生卡紧、擦伤现象，它适用于常温、中温的各种介质和压力的闸阀。

楔式弹性单闸板可以靠闸板产生微量的弹性变形的补偿作用达到良好的密封，温度变化不易造成楔死，楔角精度要求较低。但应防止关闭力矩过大而使闸板失去弹性。它适用于各种温度和压力的闸阀。

楔式双闸板对密封面楔角的加工精度要求较低，容易密封，温度变化不易造成卡住和擦伤，密封面磨损后维修方便。但结构较复杂，零件较多，阀门的体形及重量较大。

（2）平行式闸板又可分单闸板和双闸板两种。

平行式单闸板结构简单，不能靠自身达到强制密封，为了保证其密封性，一般采用固定或浮动的软密封，适用于中、低压，大、中口径，介质为油类或煤气及天然气等。

平行式双闸板一般通过顶楔产生密封力，密封面间相对移动小，不易擦伤，多用于低压、中小口径的闸阀。

3. 闸阀的安装与维护

（1）双闸板闸阀应直立安装，即阀杆处于垂直的位置，手轮在顶部。手动单闸板门阀可任意位置安装。

(2) 带传动机构的闸阀（如齿轮传动、电动、气动或液动等），均应按产品使用说明书规定安装。

(3) 手轮、传动机构均不允许作起吊用，并严禁碰撞。

(4) 带有旁通阀的闸阀，可平衡进出口的压差及减小开启力，因而在开启前，应先打开旁通阀。

4. 闸阀结构图

(1) Z11H 系列内螺纹楔式结构，如图 1-3 所示。

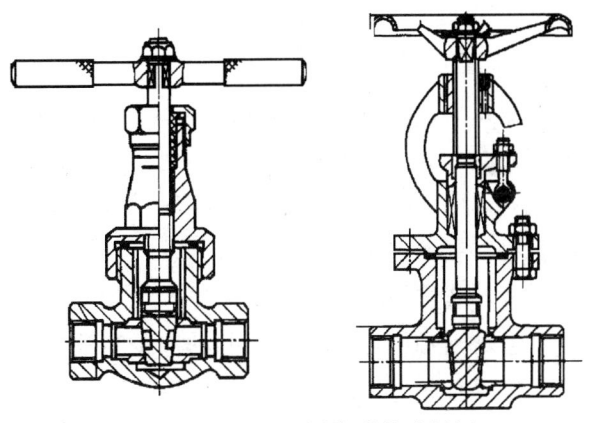

图 1-3　Z11H 系列内螺纹楔式闸阀结构示意图

(2) Z25W 型内外螺纹暗杆黄铜闸阀结构，如图 1-4 所示。

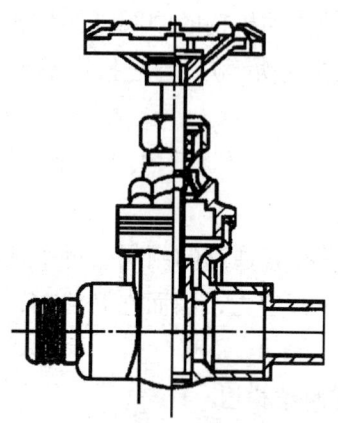

图1-4 Z25W型内外螺纹暗杆黄铜闸阀结构示意图

(二)截止阀、节流阀

1. 截止阀

截止阀是一种常用的截断阀,主要用来接通或截断管路中的介质,不用于调节流量。截止阀适用的压力、温度范围很大,一般用于中、小口径的管道。

(1)截止阀的主要优点。

①与闸阀相比,截止阀的结构较简单,制造与维修都较方便。

②密封面不易磨损、擦伤,密封性较好,寿命较长。

③启闭时阀瓣行程较小,启闭时间较短,阀门高度较小。

(2) 截止阀的主要缺点。

①流体阻力大。阀体内介质通道比较曲折,能量消耗较大,但直流式截止阀流体阻力相对较小。

②启闭较费力。关闭时,因为阀瓣运动方向一般与介质压力作用方向相反,必须克服介质的作用力,故启闭力矩大。中、高压较大口径的截止阀可采用平衡式结构,以减小启闭力矩。

③介质流动方向受限制。一般要求介质从下向上流动。

(3) 截止阀的结构型式。

截止阀阀体的结构型式有直通式、直流式和直角式。直通式是最常见的结构,但其流体阻力最大。直流式的流体阻力较小,多用于含固体颗粒或黏度大的流体。直角式阀体多采用锻造,适用于较小通径、较高压力的截止阀。

(4) 截止阀结构图。

J11W—16 型内螺纹截止阀结构,如图1-5 所示。

2. 节流阀

节流阀是通过改变流道截面以控制流体的压力及流量,属于调节阀类,但由于它的结构限制,没有调节阀的调节特性,故不能代替调节阀使用。

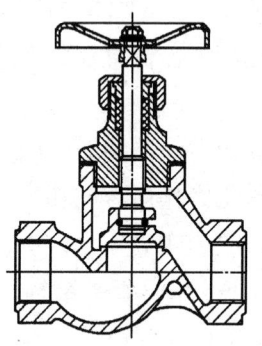

图 1-5 J11W—16 型内螺纹截止阀结构示意图

截止型节流阀在结构上除了启闭件及相关部分外，均与截止阀相同。这类节流阀的启闭件大多为圆锥流线型。

(1) 节流阀的特点。

①结构较简单，便于制造和维修，成本低。

②调节精度不高，不能代替调节阀。

③不能作为截断阀使用，无密封性能要求。

(2) 节流阀的安装与维护。

①该阀操作较频繁，因此应安装在便于操作的位置上。

②安装时要注意介质流向应与阀门上标注的流向一致。

(三) 蝶阀

蝶阀是用随阀杆转动的圆形蝶板作启闭件，以实现启闭动作的阀门。蝶阀主要作截断阀使用，也可设计成具有调节或截断兼调节的功能。目前蝶阀在低压、大中口径管道上的使用越来越多。

1. 蝶阀的主要优点

(1) 结构简单、体积小、重量轻。对夹式蝶阀该特点尤其显著。

(2) 流体阻力较小。中大口径的蝶阀，全开时的有效流通面积较大。

(3) 启闭方便迅速而且比较省力。蝶板旋转90°角即可完成启闭。由于转轴两侧蝶板受介质作用力大小接近，而产生的转矩方向相反，因而启闭力矩较小。

(4) 低压下可实现良好的密封。大多数蝶阀采用橡胶密封圈，故密封性能良好。

(5) 调节性能较好。通过改变蝶板的旋转角度可以较好地控制介质的流量。

2. 蝶阀的主要缺点

受密封圈材料的限制，蝶阀的使用压力和工作温度范围较小，大部分蝶阀采用橡胶密封圈，工作温度受到橡胶材料的限制。随着密封材料的发展及金属密封蝶阀的开发，蝶阀的工作温度及使用压力的范围已有所扩大。

3. 蝶阀的安装与维护

（1）带扳手的蝶阀，可以安装在管路或设备的任何位置上；带传动机构的蝶阀，一般应直立安装或按产品使用说明书规定安装。

（2）蝶阀产品的安装，应使介质流向与阀体上所示箭头方向一致。

（3）带有旁通阀的蝶阀，开启前应先打开旁通阀。

4. 蝶阀结构图

F504A—10型手动蝶阀结构如图1-6所示。

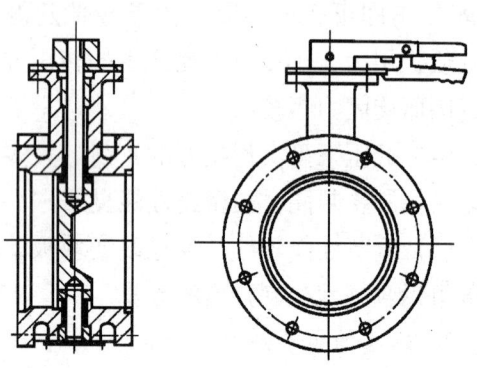

图1-6　F504A—10型手动蝶阀结构示意图

（四）止回阀

止回阀是能自动阻止流体倒流的阀门。止

回阀的阀瓣在流体压力作用下开启,流体从进口侧流向出口侧。当进口侧压力低于出口侧时,阀瓣在流体压差、自身重力等因素作用下自动关闭,以防止流体倒流。

1. 止回阀的种类

止回阀一般分为升降式、旋启式、蝶式及隔膜式等几种类型。

(1) 升降式止回阀的结构一般与截止阀相似,其阀瓣沿着通道中心线作升降运动,动作可靠,但流体阻力较大,适用于较小口径的场合。升降式止回阀可分为直通式和立式两种。直通式升降止回阀一般只能安装在水平管路,立式升降止回阀一般应安装在垂直管路。

(2) 旋启式止回阀的阀瓣绕转轴作旋转运动。其流体阻力一般小于升降式止回阀,适用于较大口径的场合。旋启式止回阀根据阀瓣的数目可分为单瓣旋启式、双瓣旋启式及多瓣旋启式三种。单瓣旋启式止回阀一般适用于中等口径的场合。大口径管路选用单瓣旋启式止回阀时,为减少水锤压力,最好采用能减小水锤压力的缓闭止回阀。双瓣旋启式止回阀适用于大中口径管路。对夹双瓣旋启式止回阀结构小、重量轻,是一种发展较快的止回阀。多瓣旋启式止回阀适用于大口径管路。

(3) 蝶式止回阀的结构类似于蝶阀。其结构简单,流阻较小,水锤压力亦较小。

(4) 隔膜式止回阀有多种结构型式,均采用隔膜作为启闭件,由于其防水锤性能好,结构简单,成本低,近年来发展较快。但隔膜式止回阀的使用温度和压力受到隔膜材料的限制。

2. 止回阀的安装及使用

直通式升降止回阀应安装于水平管道上,立式升降止回阀和底阀。一般安装在垂直管道上,并且介质自下而上流动。

旋启式止回阀安装位置不受限制,通常安装于水平管道,但也可以安装于垂直管道或倾斜管道上。

安装止回阀时,应特别注意介质流动方向,应使介质正常流动方向与阀体上箭头指示的方向相一致,否则就会截断介质的正常流动。底阀应安装在水泵吸水管路的底端。

止回阀关闭时,会在管道中产生水锤压力,严重时会导致阀门、管道或设备的损坏,尤其对于大口径管道或高压管道,故应引起止回阀选用者的高度注意。

3. 止回阀结构图

H11T—10型内螺纹止回阀结构如图1-7所示。

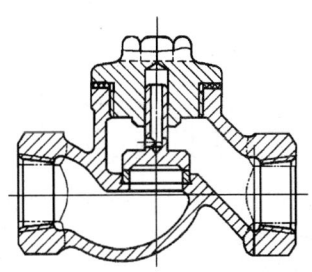

图1-7 H11T—10型内螺纹止回阀结构示意图

(五) 球阀

球阀是用带圆形通孔的球体作启闭件，球体随阀杆转动，以实现启闭动作的阀门。

按结构的密封机理，球阀分为浮动球球阀和固定球球阀。前者主要靠介质压力将球体压紧在出口端阀座上，其使用压力和通径受到一定的限制。而后者的球体由安装在阀体上的上下两个轴承支持，球体的位置固定，密封作用是靠弹簧和介质压力使阀座压向球体而实现的，因而启闭力矩较小，适用于高压和大口径场合。

1. 球阀的优点

(1) 流体阻力小。全开时球体通道、阀体通道和连接管道的截面积相等,并且成直线相通,介质流过球阀,相当于流过一段直通的管子。在各类阀门中球阀的流体阻力最小。

(2) 启闭迅速。启闭时只需把球体转动90°,方便而迅速。

(3) 结构较简单,体积较小,重量较轻。特别是它的高度远小于闸阀和截止阀。

(4) 密封性能较好。球阀一般采用具有弹性的软质密封圈。

2. 球阀的缺点

使用温度范围较小。球阀一般采用软密封圈,使用温度受密封圈材料的限制,密封圈材料的开发及金属硬密封球阀的应用能扩大球阀的使用温度范围。

3. 球阀的安装

(1) 带扳手操作的球阀,可安装在管路或设备的任意位置上,并应留有扳手旋转的位置。

(2) 带传动机构的球阀(如电动、气动或液动等),均应直立安装或按产品使用说明书的规定安装。

4. 球阀结构图

Q11F—16型内螺纹球阀结构如图1-8所示。

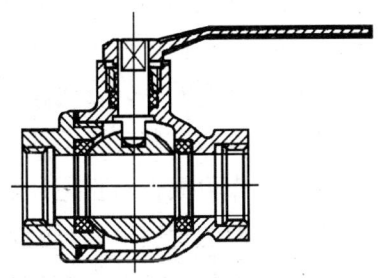

图 1-8 Q11F—16 型内螺纹球阀结构示意图

四、安装阀门时的注意事项

(1) 所有阀门均应安装在易操作检修处，严禁埋于地下。需埋入地沟内管道上的阀门处，应设置阀门井，以便阀门的启闭和调节。

(2) 在同一工程中宜采用相同类型的阀门，以便于识别及检修时对部件的更换。在同一房间内或同一设备上安装的阀门，应使其排列对称、整齐美观。立管上的阀门安装高度应在距地坪 1.2m 处，以方便操作。

(3) 对于直径较小的阀门，运输和使用时不得随手抛掷；较大直径的阀门吊装时，钢丝绳应系在阀体上，使手轮、阀杆、法兰螺孔受力的吊装方法是错误的。

(4) 截止阀、止回阀、节流阀、减压阀等安装时，应注意流体流动方向，切勿反接。对截止阀应按介质"低进高出"的方向安装，即先看清阀两端阀孔的高低，使进入管接低阀孔一侧，出口管接阀孔高的一侧；对止回阀，应按阀体标志的流动方向安装。为保证止回阀阀盘的启闭灵活，工作可靠，对直通升降式止回阀应安装在水平方向的管道上，对旋启式和立式直通止回阀，可以装在水平或垂直管道上。

(5) 用闸阀作为节流调压是不合适的，因为介质在节流时速度很高，会使密封面冲蚀磨损，失去密封性。同样，节流阀用来切断介质也是不合适的，这是由阀瓣结构的密封性所决定的。

(6) 水平管道安装的阀门，其阀杆和手轮应垂直向上，或倾斜一定角度安装，不得使手轮垂直向下安装。高空管道的阀门，其阀杆和手轮可水平安装，用垂直向低处的链条远距离操作阀的启闭。

(7) 阀门的安装应使阀门两侧连接的管道处于同一中心线上。当因管螺纹加工的偏斜、法兰与管子焊接装配不垂直，使连接管中心线偏斜时，严禁在阀门处冷加工调直，以免损坏阀体。

(8) 小直径阀门在螺纹连接中需拆卸阀的压盖、阀杆，手轮才能转动时，应先将阀闸板提起（开启一定程度），再加力拧动和拆卸压盖，否则，阀闸板全闭时，加力拧动压盖易将阀杆拧断。

(9) 与阀门内螺纹连接的管螺纹，其工作长度应比标准的螺纹少两个螺纹。

(10) 靠电力驱动的阀门，其电源应安全可靠。所有自动控制，报警系统的阀门，在安装好并进行运行调试后方可投入使用。

第二章 管道工程常用工具、用具、机具及设备

第一节 常用量具及工具

一、量具

在管道工程中,为保证施工质量和要求就必须使用量具来检查和测量,管道工程中常用的主要有下列量具。

(一) 钢卷尺

钢卷尺有大钢卷尺和小钢卷尺两种。大钢卷尺长度有 5m、10m、15m、20m、30m 和 50m 六种,主要用于测量较长距离的管线。大钢卷尺由于较长,使用时要特别注意防止打折和扭曲、防止折断。小钢卷尺有 1 m、2 m 和 3 m 三种,小钢卷尺带有法条,测量后能自动缩回,由于缩回的速度很快,使用时要防止卷尺缩回时伤人。用后要拭去尘土,薄薄地擦上机油,置于干燥的货架上。

(二) 皮卷尺

皮卷尺也叫皮尺,常用于丈量管沟,规格有 5m、10m、15m、20m、30m 和 50m 六种。有些皮尺材料中含有铜合金,使用时应避免与

电接触。

(三) 钢直尺

钢直尺用不锈钢制成,规格有 150mm、300mm、500mm 和 1000mm 四种,有些钢直尺的两个测量面分别刻有公制和英制单位,尺的背面有公英制换算表。钢直尺不但用作测量,还可用作画线。使用时要注意保护刻度,防止弯曲,不能当作一字旋具使用。

(四) 90°角尺

角尺的测量角为 90°,用于画垂直线、平行线,测量直角和检验法兰端面与管子轴线的垂直度。

(五) 水平尺

水平尺也叫水平仪,用于检验平面对水平或垂直位置的偏差,管道工程中常用的是一种铁水平尺,它由铁壳和水泡玻璃组成。使用时应注意轻拿轻放,不得碰撞。不用时将罩子盖上,以免碰伤。

(六) 游标卡尺

游标卡尺是一种测量精度较高的量具,主要用来测量工件的外径、孔径、长度、宽度、深度和孔距等尺寸。

1. 游标卡尺的结构

两种常用游标卡尺的结构形式如图 2-1

所示。

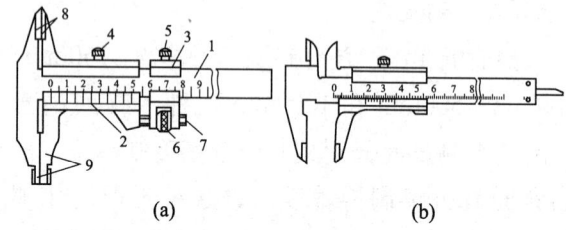

图 2-1　游标卡尺
(a) 可微动调节的游标卡尺；(b) 代深测杆的游标卡尺
1—尺身；2—游标；3—辅助游标；4、5—螺钉；
6—微动螺母；7—小螺杆；8、9—内外量爪

图 2-1 (a) 所示的游标卡尺上端内量爪，可用来测量孔距尺寸。下端外量爪内侧可测量外径和长度；外侧面是圆弧面，可以测量内孔或沟槽。

图 2-1 (b) 所示的游标卡尺比较简单轻巧，上端内量爪可测量孔径、孔距及槽宽，下端两外量爪可测外圆和长度等。还可用尺后的测量杆来测量内孔和沟槽深度。

2. 游标卡尺的刻度原理和读法

游标卡尺按其测量精度有 1/20mm (0.05) 和 1/50mm (0.02) 两种。1/20mm 游标卡尺尺身上每小格 1mm，当两量爪合并时，游标上的 20 格刚好与尺身上的 19mm 对正，如图 2-2 所示，尺身与游标每格之差为：

1−0.95=0.05mm，此值即为1/20mm游标卡尺的测量精度。

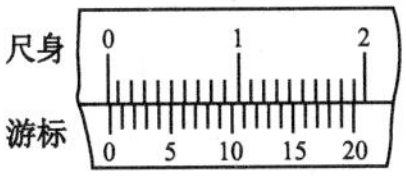

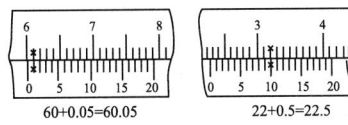

图2-2 1/20mm游标卡尺刻线原理

用游标卡尺测量时，读数方法分三个步骤（见图2-3）。

图2-3 1/20mm游标卡尺读法

（1）读出游标上零线左边尺身的毫米整数；

（2）找出游标上哪一条线与尺身刻线对齐（第一条零线不算，从第二条线起每格算0.05mm）；

（3）把尺身与游标上的尺寸加起来即为测得尺寸。

1/50mm游标卡尺尺身上每小格1mm，当两量爪合并时，游标上的50格刚好与尺身上的49mm对正，如图2-4所示。尺身与游标每格之差为1−0.98=0.02mm，此值即为1/50mm，游标卡尺的测量精度。1/50mm游标卡尺的读数方法与1/20mm游标卡尺相同，如图2-5所示。

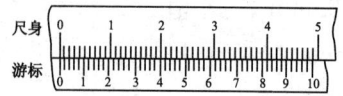

图 2-4 1/50mm 的游标卡尺刻线原理

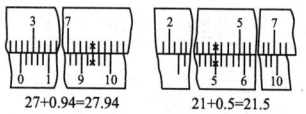

图 2-5 1/50mm 游标卡尺读法

3. 游标卡尺的测量范围和使用范围

游标卡尺的测量规格按测量范围分为：0～125mm，0～200mm，0～300mm，0～500mm，300～800mm，400～1000mm，600～1500mm，800～2000mm。

测量工件尺寸时，应按工件的尺寸大小和尺寸精度要求选用量具。游标卡尺只适用于中等精度尺寸的测量和检验。不能用游标卡尺去测量铸、锻件等毛坯尺寸，因为这样容易使量具很快磨损而失去精度；也不能用游标卡尺去测量精度要求高的工件，因为游标卡尺在制造过程中存在一定的误差。

二、工具

(一) 管子台钳与台虎钳

1. 管子台钳

管子台钳又叫压力钳、龙门钳，用螺栓固

定在工作台上,用来夹持管子,进行攻螺纹和锯割等工作,如图2-6所示。管子台钳是管道加工不可缺少的工具,其规格是以能夹持的最大管子外径来表示,习惯称号数。常见的有1号50mm;2号75mm;3号100mm;4号125mm;5号150mm。

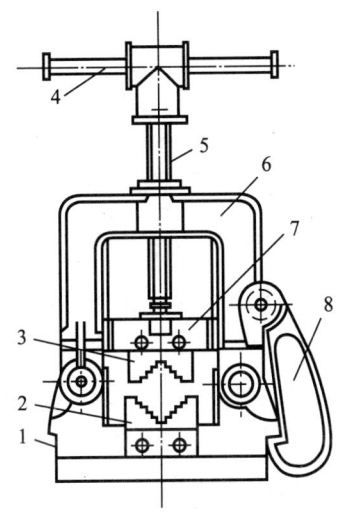

图2-6 管子台钳
1—底座;2—下虎牙;3—上虎牙;4—手柄;
5—丝杠;6—龙门架;7—滑动块;8—弯钩

2. 台虎钳

台虎钳是用来夹持工件的通用工具,有固定式和回转式两种结构类型,如图2-7所示。

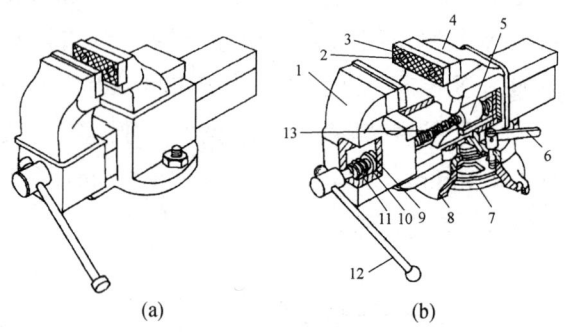

图 2-7 台虎钳
(a) 同定式台虎钳；(b) 回转式台虎钳
1—活动台身；2—螺钉；3—钢质钳口；4—固定钳身；
5—丝杠螺母；6—夹紧手柄；7—夹紧盘；8—转座；
9—销；10—挡圈；11—弹簧；12—摇动手柄；13—丝杠

台虎钳的规格用钳口宽度表示，常用的有100mm、125mm 和 150mm 三种。台虎钳在钳台上安装时，必须使固定台身的工作面处于钳台边缘以外，以保证夹持长条形工件时，工件的下端不受钳台边缘的影响。

(二) 手锯和管子割刀

1. 手锯

管工用的手锯也叫钢锯，是切割金属材料用的手工工具，用于下料和锯料工件。手锯由锯弓和锯条组成。锯弓用来安装锯条，它有可调试和固定式两种，固定式锯弓只能安装一种长度的锯条。可调式锯弓通过调整可以安装多种长度的锯条,目前可调试锯弓已被广泛应用。

锯条根据齿距的大小,分细齿和粗齿。使用时应根据材料的软硬和厚薄来选用,锯材质较软(如铜、铝等)且较厚材料时,选用粗齿锯条;锯材质较硬或较薄材料(如工具钢、各种管子)时,应选用细齿锯条。一般来说,锯薄材料时,在锯削截面上至少应有三个齿能同时参加锯割。锯削将近终了时,应停止进刀,而保留一部分金属,以防锯条折断。

手锯是在前推时,才能起到切割作用,因此,锯条安装应使齿尖的方向朝前,如图2-8所示。锯条不能安装得过紧或过松,太紧失去弹性容易折断;太松容易使锯条发生扭曲且容易折断,装好后还应检查锯条是否歪斜扭曲。

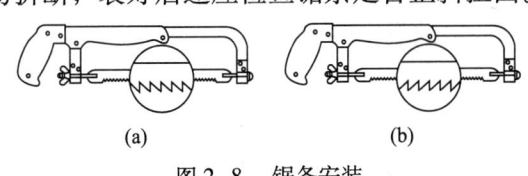

图2-8 锯条安装
(a) 正确;(b) 不正确

2. 管子割刀

管子割刀是切断各种金属管子的工具,适用于切断管径在100mm以内的钢管和有色金属管。它的主要构件是三个互呈品字形的滚轮，其中一滚轮是刀片，可以绕自身固定轴心旋转。其余两个为压紧轮，如图2-9所示。

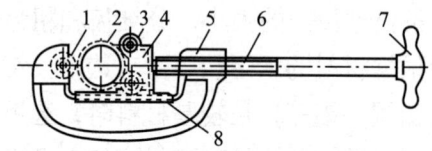

图2-9　管子割刀
1—切割滚轮；2—被割管子；3—压紧滚轮；4—滑动支座；5—螺母；6—螺杆；7—手把；8—滑道

使用时，先将管子割刀放开到可以跨过管身，然后将压紧轮旋紧，进刀量要适度，要压实在管子所要切割的位置上，刀刃对准切割线。然后使整个割刀沿管子旋转，同时间歇进刀，直至切断为止。切割时，滚刀部位要冷却润滑。管子割刀切割管子比手锯要快而且整齐，但切口内侧有缩口现象，应用刮刀或圆锉进行修整。

常用的管子割刀有2号、3号、4号，能切割的管子直径分别为：12～50mm；25～80mm；50～100mm。

（三）扳手

扳手是拆装螺栓、螺母的专用工具，管道工程中常用的有梅花扳手、呆扳手、套筒扳手和活扳手。

呆扳手、梅花扳手、套筒扳手主要是用来拆卸带有棱角的标准螺栓或螺母的工具。呆扳手的端部与本体有 15°的夹角，使用方便，它可以上下套入也可以横向插入螺栓头或螺母。梅花扳手两端呈套筒形，内有 12 个角。工作时，能将螺栓头或螺母的棱角全部包围，不易打滑，梅花扳手只要转过 30°角就能调换方向。因此，在空间狭小，不易容下普通扳手的场合使用这种扳手。套筒扳手由一组套筒头和长短不同的手柄、连接杆、接头等组成，主要使用在普通扳手难以接近的地方，比梅花扳手使用更为灵活。

活扳手的特点是开口宽度可在一定范围内变化，具体规格见表 2-1，应用范围较广，常用来拆卸非标准螺拴、螺母。使用活扳手，应让固定钳口受主要作用力，否则会损坏扳手。同时钳口的尺寸应调整到适合螺母紧密配合为宜，以免造成打滑或损坏螺栓头及螺母的棱角。

表 2-1　活动扳手的规格

扳手全长，mm	100	150	200	250	300	375	450	600
扳手全长，in	4	6	8	10	12	15	18	24

还有一种快速管子扳手，也叫多用扳手，如图 2-10 所示。主要用于紧固或拆卸小型金属和其他圆柱形零件。在管道工程中主要用于

管径小于 40mm 的管路的安装和拆卸，使用非常方便。

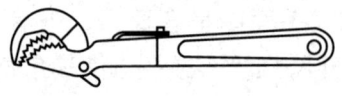

图 2-10　快速管子扳手

（四）管子钳和链条钳

管子钳和链条钳是专用拆装螺纹管件的工具，如图 2-11、图 2-12 所示。管子钳适用于较小直径的管子和管件，链条钳适用于较大管径的管子和管件，在操作空间狭窄的场地，链条钳更加显示其优越性。

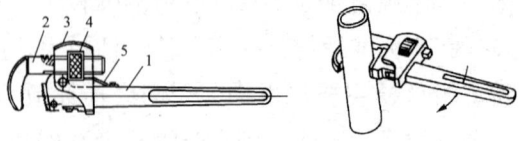

图 2-11　管子钳
1—手柄；2—活动钳口；3—外套；4—螺母；5—弹簧片

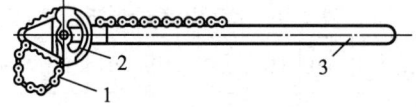

图 2-12　链条钳
1—链条；2—钳头；3—手柄

管子钳和链条钳的钳口牙齿要保持锋利，不能沾油，以防打滑。管子钳及链条钳的规格是以它的长度划分，具体规格见表 2-2、表

2-3。使用时应根据管子的直径合理地选择。

表2-2 张开式管子钳的规格

管钳全长,mm	150	200	250	300	350	450	600	900	1200
管钳全长,in	6	8	10	12	15	18	24	36	48

表2-3 链条式管钳的规格

管钳全长,mm	900	1000	1200
管钳全长,in	36	40	48

(五) 管子铰板

管子铰板也称代丝,是手工套制金属管子外螺纹的主要工具。管子铰板由机身、板把和板牙三部分组成。其结构如图2-13所示。管子铰板分为1号(114型)和2号(117型)两种,规格见表2-4。

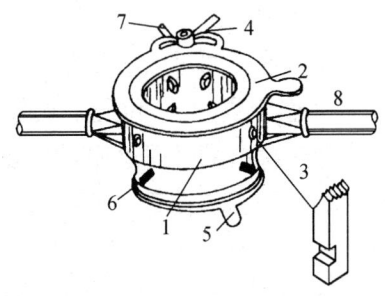

图2-13 管子铰板
1—板身;2—前卡盘;3—板牙;4—前卡盘压紧螺栓钮;
5—后卡盘;6—卡爪;7—板牙松紧板钮;8—手柄

表 2-4　铰板板牙的规格

型号	套制管螺纹的公称直径, in	每套佩带板牙规格, in
114	15～50（½～2）	½～¾、1～1 1/4、1 1/2～2
117	65～100（2 1/2～4）	2 1/2～3

例1　加工 *DN*15mm 短螺纹

加工 *DN*50mm 短螺纹的主要工具是管子割刀、管子台虎钳和管子铰板。由于短螺纹是长度小于100mm两端带螺纹的短管，此短管夹持到管子台虎钳上后，是无法用铰板套制螺纹的。为此，先在一根较长的管子上套出螺纹，然后按需要的长度截下已套了短螺纹的管头，再将有螺纹的一端拧入连有管箍的管子上，最后，固定到管子台虎钳上，加工另一端的螺纹。其具体操作步骤如下。

1. 先套一端螺纹

（1）选择与管径相对应的板牙，把活动标盘的刻线对准固定盘"0"位置，按板牙上的号码与机体上牙槽口的号码顺序对号装入，转动活动盘，板牙即固定在管子铰板内，不得颠倒或乱插。

（2）松开标盘固定螺钉。把手柄向左推，转动活动标盘至管径相应的规格与固定标盘对准，再拧紧螺钉。

(3) 将长管子在压力钳上夹持牢固，使管子呈水平状态，管子伸出压力钳约 150mm。

(4) 松开后爪，把管子铰板套在管子上（标盘应面向操作者），再拧紧后爪，使压紧螺钉轻压在管壁上。

(5) 套螺纹时，人应站在管子铰板前面，一手扶住铰板向内推，另一手按顺时针方向转动铰板手柄，当板牙进入管子二扣时，向切削处加润滑油冷却板牙，然后人站在铰板手柄一侧继续均匀用力旋转手柄（注意不得用加套管等接长手柄），使板牙缓缓而进。

(6) 为使管螺纹连接紧密，应将螺纹端加工成锥形。为使套成的螺纹有一定的锥度（俗称拔梢），通常是利用在套螺纹过程中逐渐松开板牙的压紧螺钉来达到目的。螺纹加工到规定长度后，松开板牙压紧螺钉，再轻轻取下板牙和手柄（不应回旋退出），清理螺纹表面和管子铰板上的铁屑和油污。

2. 划线量取管子

在长管子已套螺纹的一端，量取 100mm 并划上切割线。

3. 切割管子

将管子固定在压力钳上，然后将管子套进管子割刀的两个压紧滚轮与切割刀之间。刀刃对准管子上的切割线,再沿顺时针方向拧动手柄,使两个滚轮压紧管子。切割管子时,先在管子切断线处和滚刀刃上涂上润滑油,以减少刀刃磨损,然后用力将丝杆压下,使管子割刀以管子为轴心向刀架开口方向回转,边转动丝杆,边拧动手轮,滚刀即不断地切入管壁,直至切断管子为止。操作时必须始终保持滚刀与管子中心线垂直,并注意使切口前后相接,以免将管子切偏。管子割断后,须用铰刀或锉刀将管子内径缩小部分除去。

4. 套另一端管子螺纹

将切割下的一端带螺纹的短管拧入带管箍的长管子,再将短管压紧在压力钳上,进行套丝操作,操作同套螺纹步骤中的(3)、(4)、(5)、(6)。这样 $DN15mm$ 短螺纹的加工就完成了。

例2 公制螺纹和英制螺纹有什么不同?

螺纹也叫丝扣。

公制螺纹的特点是:螺距小,螺角为60°。分机械和仪表制造的内、外螺纹。现在使用的螺栓和螺母多用公制螺纹。

英制螺纹的特点是:螺距大,螺角为55°。分机械螺纹和管螺纹两种。管螺纹接合较严密,多用于管子的丝扣连接。

第二节 常用机具

一、钻床

钻床是用来加工工件圆孔的机具。管道工程中主要应用立式钻床和台式钻床，台式一般用来加工小型工件直径较小的孔；立式主要用来钻中、小型工件的孔。钻孔时按孔径的大小选择适当的钻头。

使用钻床前应检查各部分开关是否灵活、空载运转是否良好。钻孔时应在被钻工件孔的中心打上样冲眼，工件必须夹紧在工作台上，钻头与工件应垂直，用力要均匀，孔将钻穿时，要减小用力。

使用钻床应注意安全，不允许带手套操作，袖口必须扎紧，并戴好安全帽。钻孔时不可用手和棉纱头或用嘴吹来清除切屑，要用毛刷刷掉。

二、砂轮切割机

砂轮切割机又叫砂轮无齿锯。它是利用电动机带动砂轮高速旋转来切割材料，切割效率比手工切割要高十几倍，切割质量优于氧—乙炔切割，尤其切割不锈钢管要比等离子切割经济。

砂轮切割机是一种高速切割机，适用于切

割各类碳素钢管、型钢和铸铁管等,是较为理想的切割机械,目前在管道安装中得到广泛的应用。

使用砂轮切割机注意把要切割的材料一定要用夹具夹紧,操作人员的身体不可对准砂轮片。砂轮片一定要正转(顺时针),飞出的火星向外,切勿反转,以防砂轮片飞出伤人。

三、电动割管机

电动割管机种类很多,如金钢砂锯式割管机、带锯式割管机、便携式割管机及电动自爬式割管机等。其中,电动自爬式割管机是管道安装工程中应用较多的一种割管机,体积小、质量轻,切割效率高,主要用来切割管径较大的管材,还可用于钢管焊接坡口的加工。

当割管机装在被切割的管子上后,通过夹紧机构把它牢固地夹紧在管体上。切削管子由两个动作来实现,一个是由切削刀具对管子进行铣削,另一个是由爬轮带动整个割管机,沿管子爬行进给。刀具切入和退出是由操作人员通过进刀机构的摇把来实现的。

四、电动坡口机

电动坡口机主要用于钢管坡口及钢管切断。由电动机、蜗轮箱、夹紧机构和刀架等组成。工作时电动机经 V 带轮、蜗轮杆,使刀盘顺时针旋转一圈，刀架上的进给机构自动进刀一次，实现切管和坡口的目的。

使用电动坡口机前必须对各传动部件进行检查，在确认完好情况下方可使用。由于两只刀架上分别装有割刀和坡口刀，工作时只能选择一种刀，另一只刀架上的联轴器应打开。切管时为防止管子晃动造成断刀，采用三只滑轮挡牢。操作完毕先将刀架外移，脱离工件，然后取出工件，防止拆卸工件时用力过猛而撞断刀架。

五、电动弯管机

电动弯管机主要由机身、电动机、传动机构、夹紧机构、导向机构和模具等组成。电动弯管机工作时，通过电动机、传动装置，带动主轴及固定在主轴上的弯管模一起转动进行弯管。弯管时，先把要弯曲的管子沿导向模放在弯曲模和压紧模之间，调整导向模，使管子处于弯管模和压紧模的公切线位置，并使起弯点对准切点，再用"U"形管卡将管端卡在弯管模上，然后启动电动机开始弯管，使弯管模和压紧模带着管子一起绕弯管模旋转到所需要的角度后停车。

使用电动弯管机弯管时，所选用的弯管模、导向模和压紧模必须与被弯曲管子的外径相符。当弯曲管子的外径大于 60mm 时，还要在管内放置弯曲心棒。

六、电动套螺纹机

目前施工现场普遍采用套螺纹机套螺纹和切断综合作业。常用的电动套螺纹机由电动机、卡盘、割管刀架、扳牙头和润滑系统组成。电动套丝机的操作步骤如下所述。

（1）在扳牙架上装好与套螺纹管径相应的扳牙。

（2）将管子从后卡盘孔穿入到前卡盘，留有合适的长度（太长的管子会扭动旋转，太短则操作不便）后，将卡盘卡紧。

（3）放下扳牙架，加机油后按启动按钮使机器转动，扳动进给手柄，使扳牙头对准管子头，稍加压力，套螺纹机即可开始工作，套出一段标准螺纹，直至螺纹长度符合要求。

（4）套螺纹结束、关闭开关，松开扳牙头，退出手柄，卸下管子。

七、电锤钻

电锤钻也叫冲击电钻，是能完成冲击、旋转等多用途的钻孔工具。它的主轴有两种运转状态，当将旋钮转到冲击带旋转位置时，装上电锤钻头就可以对混凝土、岩石、砖墙等进行钻孔、开槽、凿毛等作业；当将旋钮转到旋转位置时，装上钻夹头连杆及钻夹头，再配用麻花钻头或机用木工钻头，即如同电钻一样。对金属、塑料、木材等进行钻孔作业。

八、手电钻

手电钻不同于冲击电钻，是用于对金属材料钻孔的工具。钻孔前一定要先打样冲眼，使用时要注意钻头与工作面垂直。由于多数情况下都钻小孔，所以用力不可太大，穿孔时要减小进给力和进给量，防止轧刀和折断钻头。

国产手电钻有两种规格产品，一是手枪式，钻孔最大直径为6mm，使用单相电源。一是手提式，最大钻孔直径为25mm，使用三相电源。

第三节 常用工具、机具安全操作技术

一、手动工具、机具操作安全技术

（一）总则

各种机械和工具在使用前应进行检查，如发现有故障、破损等情况应修复后或者是更换后才能使用。

（二）各种工具、机具操作安全技术

1. 锤

使用手锤和大锤时不准戴手套。锤柄、锤头上不得有油污。甩大锤时，甩动方向不得有人。

2．凿

使用尖头凿、扁凿、盘根凿时,如果凿的头部已被锤击成蘑菇状,就不能继续使用,顶部有油污时应及时清除。

3．锉刀

锉刀必须装好木柄方能使用,锉削时不可用力过猛,不能把锉刀当撬棒使用。

4．钢锯

使用钢锯锯削时用力要均匀,被锯的管子或工件要夹牢,即将锯断时要用手或支架托住工件,以免管子或工件坠落伤人。

5．扳手

使用活络扳手时,扳口尺寸应与螺母尺寸相符,防止扳口尺寸过大,用力打滑。在扳手柄上不应加套管,扳手不能代替手锤使用。

6．钳

使用管子钳时,左手应扶在钳头上,右手对钳柄均匀用力。在高空作业时,安装公称通径 50mm 以上的管子,应使用链条钳,不使用管子钳。使用台虎钳时,钳把不得用套管加力或用手锤敲打,所夹工件不得超过钳口最大行程的 2/3。

7．倒链

用倒链吊起阀门或组装件时,升降要平

稳,并且所吊物体的重量不得超过链条的额定起重质量。如须在起吊物下作业时,应将链条打结保险,并且用枕木或支架等将部件垫稳。

8. 滑车和滑车组

滑车(葫芦)和滑车组是起重吊装的基本工具之一,使用注意事项如下所述。

(1) 使用前应检查滑车、轮槽、轮轴、夹板、吊钩、吊环等各部分,有无裂缝、损伤、严重磨损、滑轮不转或超载情况,如有问题应及时调换。严禁用焊接补强的方法来修补滑轮的缺陷。

(2) 滑车吊钩中心应与起吊构件的重心在一条铅垂线上,以免起吊后发生倾斜和扭转现象。滑车组上下滑车之间的净距一般应不小于轮径的 5 倍。

(3) 使用滑车时要缓慢加力,绳索收紧后,如有卡绳、磨绳情况应立即纠正。

(4) 滑车使用前后要刷洗干净,轮轴要加油润滑,以减少磨损和防止锈蚀。

9. 射钉枪

使用射钉枪时,不论是否装有弹头,严禁对人开枪。操作射钉枪的人必须要先经过培训才能上岗。射钉枪用完后要检查,严禁枪内留有子弹,防止走火伤人。

二、电动工具、机具操作安全技术

(一) 总则

电动工具和机具应有可靠的接地设备,使用前应检查是否有漏电现象,不漏电,方能使用。使用时应在空载情况下启动。操作人员应戴上绝缘手套。如果在金属平台上操作电动工具,工作人员应穿上绝缘胶鞋或者在工作平台上铺设绝缘垫板。

(二) 各种电动工具机具操作安全技术

1. 砂轮切割机

砂轮切割机的砂轮片必须使用有增强纤维的砂轮片。砂轮片上必须有能遮盖180°以上的保护罩。操作时应缓慢加力,切勿使其突然吃力或受冲击力。

2. 电动弯管机

操作电动弯管机时,应注意手和衣服不要接近旋转的弯管模。在机械停止转动前,不能从事调整停机挡块的工作。

3. 钻床

操作钻床时,钻头要箍紧,防止松脱,并且严禁带手套。

4. 卷扬机

卷扬机应安装在平坦的地方,以便于操作和观察。为了防止起吊和搬运重物产生倾覆和滑动，可用打地桩或利用建筑物的柱脚固定。利用建筑物锚固卷扬机时，要考虑建筑物的承受能力。特别要注意的是：严禁利用绿化树木作为锚固卷扬机的地桩。一般应打专用地桩或埋设专用锚固定卷扬机。

第三章 管道连接

管道连接是按照设计的要求,将管子连接成一个严密的系统,以满足使用要求。管子的材质不同,其连接方法、连接工艺不同;管道的用途不同,其连接方法和要求也不同。

管道的连接方法有:螺纹连接、法兰连接、焊接连接、承插连接、卡套连接、粘接等。

第一节 螺纹连接

一、管道螺纹连接的特点和适用范围

管道的螺纹连接,也称丝扣连接,是管道连接的最基本方法之一。螺纹连接是通过内外螺纹把管道与管道、管道与管件及阀门连接起来。

螺纹连接的特点是:比较适合人的连接习惯和理念,又能较方便的将接口做成活接口,连接过程中可根据施工现场的实际情况调整其连接长度。

螺纹连接的适用以下几种情况。

(1) 低压流体输送的镀锌焊接钢管,为了不损坏镀锌层,保证工艺要求,必须采用螺纹

连接。

（2）室内供暖管道，采用低压流体输送用焊接钢管（$DN \leqslant 32mm$），采用螺纹连接。

（3）室内燃气管道，$DN \leqslant 100mm$ 时，采用螺纹连接。

（4）钢管与带螺纹的设备、附件的连接必须采用螺纹连接。

（5）经常需要拆卸，又不允许动火的生产场合，应采用螺纹连接。

二、螺纹连接件

管道工程中常用的螺纹连接件（也叫管件）主要由可锻铸铁（俗称玛铁或韧性铸铁）或软钢制造而成。管件的材质要求密实坚固并有韧性，便于机械切削加工。可锻铸铁管件的种类较多，它的外形特点是带有用碳钢制成的则不带厚边。管件按用途可分为以下几种。

（1）管路延长连接用配件：管箍、六角内接头（对丝、内接头）等。

（2）管路分支连接用管件：三通、四通等。

（3）管路转弯用管件：90°弯头、45°弯头等。

（4）节点碰头用连接件：锁母、活接头等。

(5) 管子变径用管件：内外螺母（补心）、异径管箍（大小头）等。

(6) 管子堵口用管件：丝堵、管帽等。

三、螺纹连接

管螺纹连接是用管子的外螺纹与管件连接，中间充塞填料，使之严密的旋合在一起。

管螺纹连接时，应在管子的外螺纹与管件或阀件的内螺纹之间加上适当的填料。填料的作用有两个：一是密封；二是养护管口，便于维护检修时拆卸。

用来输送冷热水、压缩空气的管子，常用油麻和白厚漆（俗称铅油、麻丝）作填料。先将麻丝理成薄而均匀的纤维，然后把白厚漆均匀地涂在管螺纹上，再将麻丝从螺纹的第二扣开始沿螺纹方向（顺时针方向）进行缠绕。麻丝缠好以后，先用手拧入2～3扣，再用管钳将管件拧紧（用管钳拧入3～4扣），拧紧后的管口应留有2、3扣丝。最后，将裸露的外丝作防腐处理。用管钳上管件时，可利用台钳夹住带短丝的管段，用管钳中部或后部咬紧管件或阀门（有时咬紧带螺纹的管子），同时，一只手扶稳管钳头部，以防止钳口打滑、歪倒，用另一只手压钳把。操作时，扳转钳把要稳妥，要渐渐用力，不可用力过猛，也不可将全身之力加于管钳,以防管钳打滑或钳牙脱落打滑伤人,特别要避免双手紧握管钳加力的操作。

安装室内燃气管道时,不能用麻丝、厚白漆作填料,而只能用聚四氟乙烯生料带或白厚漆作填料。聚四氟乙烯生料带是用聚四氟乙烯树脂与一定量的辅助剂相互混合辗制成厚度为0.1mm,宽度不大于30mm,长度为1~5m的薄膜带。因为生产这种填料不经过热聚合过程,所以叫做生料带。聚四氟乙烯生料带具有优良的耐化学腐蚀性,对于浓酸、浓碱及强氧化剂,即使在高温下也不发生化学反应。它的热稳定性好,耐工作温度较高,可长期在250℃下工作,可用在工作温度为−180~250℃的各类管路中。

制冷管道、氧气管道、输油管道采用螺纹连接时,应采用聚四氟乙烯生料带、黄粉(一氧化铅)作填料。用黄粉(一氧化铅)作填料时,可将其调以甘油成糊状,涂于管螺纹后,要立即上管件,并须一次拧紧,不得再松动。黄粉与甘油的调和物要随调随用,若时间长了(超过10min),即硬化报废。

常见的螺纹连接有下述几种。

(一) 短丝连接

以图3-1所示的管段为例说明螺纹连接

的操作方法及步骤如下所述。

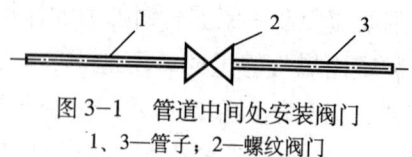

图3-1　管道中间处安装阀门
1、3—管子；2—螺纹阀门

（1）预套短丝。根据管段测量尺寸，分别按要求套制出管段1、管段3短管上的螺纹。

（2）将带螺纹的管段1固定在台虎钳上，螺纹端离台虎钳100～150mm，并缠好密封填料（涂铅油、缠麻丝或缠聚四氟乙烯生料带均可）。

（3）用手将阀门旋在带螺纹的管段上，以用手能拧进2～3扣丝为宜，再用管钳拧进3～4扣丝，拧阀门时按顺时针方向拧入。

（4）给管段3带螺纹的一端缠好密封填料，并按顺时针方向用手将管段3拧入已连接好的阀门上。

（5）一人首先用管钳夹住已拧紧的阀门的一端，另一人用管钳拧紧管段，前者要保持阀门位置始终不变，因而用力方向为逆时针，后者按顺时针方向慢慢旋紧管段。

（二）活接头连接

活接头是一个活接口连接件，安装在需检

修、拆卸处。活接头由三个单件组成，即公口、母口和套母，如图3-2所示。公口为一头带插嘴与母口承嘴相配，一头带内螺纹与管子外螺纹连接。母口一头带承嘴与公口插嘴相配，一头带内螺纹与管子外螺纹连接。套母其外表面呈六角形，内表面有内螺纹，内螺纹与母口上的外螺纹配合。

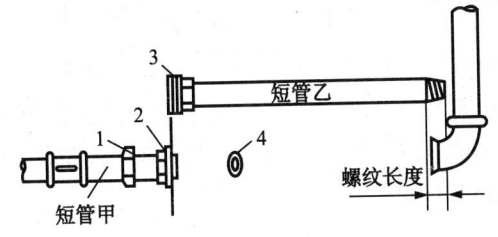

图3-2 活接头连接
1—套母；2—公口；3—母口；4—垫片

连接时活接头的公口和母口分别与管端的短丝连接，方法是先将套母放在公口一侧，并使套母挂螺纹的一面对着母口，分别将公口、母口与管子短丝连接好，具体连接方法同短丝连接；螺母锁紧前，在公口处加上垫片（常见的有橡胶垫片、石棉橡胶垫片，也可在施工现场用麻丝编织垫片），垫片内径与插口直径相符，然后将公口和母口找平对正，再用套母连接公口和母口。

活接头连接是有方向性的，介质流向是从

公口流向母口，工地上的工人师傅戏称为"公进母出"，不可接反。活接头是理想的活动连接件。

(三) 锁母连接

锁母连接也是管道连接中的一种活接形式，如图3-3所示。它的形状是一端带内螺纹，另一端有一个与管外径相同的孔，外观是一个六边形。连接时，先使锁母有一小孔的一头把管子穿进去，把管子插入要连接的带外螺纹的管件或控制件内，再在连接处充塞填料（石棉绳或橡胶圈），最后用扳手将锁母锁紧在连接件上即可。

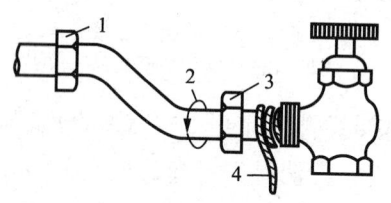

图3-3　锁母连接
1、3—锁母；2—石棉绳缠绕方向；4—石棉绳

第二节　法兰连接

法兰连接是通过螺栓、螺母将法兰连接起来，并将法兰中间垫片压紧而密封的一种连接方法。法兰连接具有拆卸方便，连接强度高，严密性好等优点。适用范围较为广泛，

一般来说，凡是需要拆卸的部位、带法兰的设备进出口和法兰附件与管道的连接均使用法兰连接。

一、法兰、垫片

(一) 法兰密封面的形式

法兰密封面的形式主要有光滑式、凹凸式、榫槽式和梯形槽式，如图3-4所示。

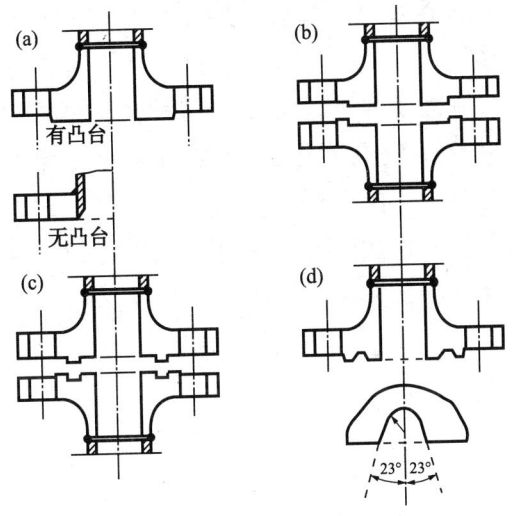

图 3-4 法兰密封面形式
(a) 光滑式；(b) 凹凸式；(c) 榫槽式；(d) 梯形槽式

光滑式密封面用于压力不大的场合，无凸台的光滑式密封面适用于公称压力小于1MPa管道，有凸台的适用于公称压力小于2.5MPa的管道。为了提高这种法兰的密封效果，在密封面上一般都车有2～3条密封线，或称密纹水线。凹凸式密封面的优点在于法兰凹面的外径可使垫片定位并嵌住垫片，这样便于安装垫片，而且垫片不易被流体吹走，因此，适用于温度和压力较高及密封要求较严格的管道。榫槽式密封面除了具有凹凸式密封面的优点外，还可使垫片较少地遭受管道内介质的冲蚀，可限制垫片不致受压变形或挤入管线中，因其密封面较窄，所需螺栓紧固力小，这种密封形式用于密封要求较高，压力较大的场合。梯形槽式密封面是配合椭圆形（或八角形）截面的金属垫片使用，主要用于公称压力为6.4～10MPa，公称直径小于300mm的中、高压系统。

（二）法兰的种类

1. 平焊法兰

如图3-5所示，平焊法兰制造简单、成本低，但法兰刚度差，在温度和压力较高时，易发生泄漏。一般用于公称压力不超过2.5MPa，温度低于250℃的场合。由于在管道工程中，公称压力不超过2.5MPa的管道最多，所以平焊法兰用量最大。平焊法兰的密封面有光滑式、凹凸式和榫槽式三种，光滑式应用最广泛。

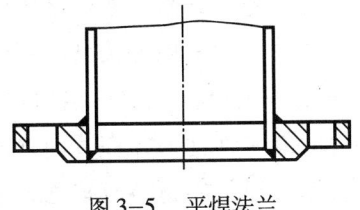

图 3-5　平焊法兰

2. 对焊法兰

对焊法兰也叫高颈法兰，由于法兰本体带有一段短管，法兰与管子的结合实质上是管子与管子的对口焊接。这种法兰强度和刚度较大，经得住高温、高压及反复弯曲和温度波动，密封可靠。图 3-6 所示为对焊法兰，对焊法兰多采用凹凸式密封。

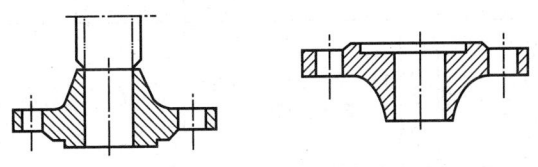

图 3-6　对焊法兰

3. 螺纹法兰

螺纹法兰的管端与法兰采用螺纹连接，这种螺纹在机床上加工而成，密封面由管端与垫片形成，法兰不与介质接触。常用于高压管道的连接。

(三) 法兰垫片

为了使两片法兰的密封面严密压合,在其中间应放入垫片,用来填补接合面接合紧后所产生的不平处和凹槽,以保证接口严密不漏。因此,垫片应具有弹性,并在管内介质长期作用下不被腐蚀。垫片的材料应根据管道输送介质的特性、温度及工作压力进行选择,在设计无规定的情况下,可参考表3-1选用。

表3-1 法兰用软垫片的材料及适用范围

垫片材料	牌号	颜色	适用介质	最高工作压力,MPa	最高工作温度,℃
橡胶板		黑色	水、压缩空气、惰性气体	0.6	60
夹布橡胶板		黑色	水、压缩空气、惰性气体	1.0	60
低压橡胶石棉板	XB200	咖啡色	水、压缩空气、惰性气体、蒸汽、煤气	1.6	200
中压橡胶石棉板	XB300	红色	水、压缩空气、惰性气体、蒸汽、煤气、具有氧化性的气体(二氧化硫、氧化氮、氯等)、酸和碱的稀溶液、氨等	4.0	350
高压橡胶石棉板	XB450	灰色	蒸汽、压缩空气、惰性气体、煤气	10.0	450

橡胶石棉板是用橡胶、石棉及填料压制而成的衬垫材料。广泛应用在空气、蒸汽、燃气、氮气、盐水及酸碱介质的管路中，是用量最大的一种垫片。分低压、中压、高压及耐油石棉橡胶板四种。当管道公称直径小于80mm时，厚度采用1.5～2mm；公称直径为100～350mm时，厚度采用2～3mm；公称直径大于350mm时，厚度采用3～4mm。

软聚氯乙烯塑料板是在聚氯乙烯树脂内加入增塑剂、稳定剂后加工压制而成。用于输送腐蚀性介质管道的法兰垫片。常用厚度为2mm、3mm、4mm三种。使用工作温度为5～50℃，最高工作压力为0.6MPa。

此外，工业橡胶板，石棉绳、聚四氟乙烯垫也经常使用，但在用量上不及橡胶石棉板大。

二、法兰的装配

焊接法兰的装配是将管端插入法兰中间管孔内，经点焊、检测和校正垂直度后，将管子与法兰焊接牢固，装配时应按下列步骤进行。

（1）将管子插入法兰内，插入深度为法兰厚度的1/2～2/3，便于坡口焊接。

（2）在管子四周进行点焊，一般为3～

4点。边点焊边用90°角尺检查管子的中心线与法兰的垂直度。检查的方法如图3-7所示。

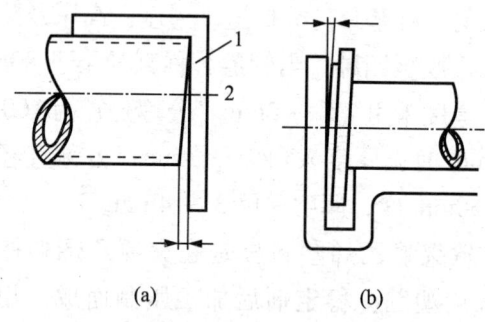

图3-7 法兰安装的检查
(a) 管子端头的查;(b) 法兰垂直度检查
1—90°角尺;2—管子

垂直度的一般要求是 $DN \leqslant 300mm$ 时允许偏差为1mm;$DN > 300mm$ 时允许偏差为2mm。

(3) 最后进行正式焊接。焊接完毕后要再次检查垂直度。螺纹法兰的装配较简单,只须将法兰拧入管端,但应注意管端螺纹倒角应外露。

三、法兰连接的一般规定

(1) 法兰连接时应保持两片法兰密封面平行,其偏差不大于法兰外径的1.5%,且最大不超过2mm。

(2) 法兰连接时应保持同一轴线,其螺栓孔中心偏差一般不超过孔径的 5%,并应保证螺栓自由穿入。法兰的连接螺栓应为同一规格,安装方向要一致。拧紧螺栓应对称均匀地进行。

(3) 不得使用厚度不均的垫片来弥补法兰的不平行度,不得使用双层垫片。当大口径的垫片要求拼装时,应采用斜口搭接或迷宫形式,不得平口对接。

(4) 根据需要,安装垫片时可分别涂以石墨粉、二硫化钼油脂、石墨机油等。

(5) 如遇下列情况,螺栓、螺母应涂二硫化钼、油脂、石墨机油或石墨粉。

①不锈钢、合金钢螺栓、螺母。

②管道设计温度高于 100 ℃或低于 0 ℃。

③露天装置。

④周围有腐蚀性气体存在。

(6) 使用铜、铝、软钢等金属垫片,安装前应进行退火处理。

(7) 高温或低温管道连接螺栓,在试运转时应按规定进行热紧或冷紧。热紧或冷紧在保持工作温度 24 h 后进行。

(8) 法兰连接不许直接埋地,埋地管道的法兰连接处应有阀口井。

四、法兰的连接方法

法兰连接操作要点如下。

(1) 安装在水平管路上最上面的两个螺栓孔应呈水平状态,垂直管路上靠近墙面的两个螺栓应与墙面平行。

(2) 注意两片法兰的对接端面应相互平行,各螺栓孔应对正,若不对正应找平。

(3) 在法兰的螺栓孔中穿入几根螺栓,水平管段应先穿在法兰底部,垂直管段应穿在靠墙的一面,接着将垫片插入法兰盘之间,再穿入余下的螺栓。

(4) 拧紧法兰螺栓须使用合适的扳手,加力时应对称进行,即采用十字法均匀加力,保证法兰不变形。拧紧后螺杆露出螺母的长度不宜超过螺栓直径的 1/2,但也不得少于两个螺距。

第三节 焊 接 连 接

焊接连接是管道工程中最为广泛的连接方法。其主要优点是接口牢固耐久,不易渗漏,接头强度和严密性高,不需要接头配件,成本低。缺点是这种接口是不可分离的固定接口,拆卸时必须将管子切断,接口工艺较复杂。

管道的焊接有电焊和气焊,由于电焊比气

焊的焊接强度高且比气焊经济，因此，一般优先选用电焊。只有公称直径小于 50mm，管壁厚度小于 3.5mm 时才考虑使用气焊。

一、管道焊接

管道焊接连接的主要操作工序为：管口的处理（清理和开坡口）、对口、点焊、平直度的检查与校正、施焊等。

（1）管端坡口。管子焊接前，除检查切口平整度外，对管壁厚度大于或等于 4mm 的管子，应在管端加工坡口，在管道工程中大多数采用 V 形坡口。坡口的加工方法有手工铲、氧—乙炔焰切割和坡 L–I 机加工等。

（2）对口。对口是管道连接的重要环节，直接影响管道焊接及安装平直度。

管子的对口应留有 1.5～3mm 的对口间隙。为保证对口间隙，可在对口时夹厚度为 1.2～3mm 的废锯条或石棉橡胶板，点焊后再除去。对口的错口偏差 a 值不得大于管壁厚度的 10%。如图 3-8 所示，可用钢直尺卡量，取数次测量中的最大偏差值。不同壁厚管子对口时，应按 $L=5(b_2-b_1)$ mm 的要求，对厚壁管进行预加工后，方可对口焊接，如图 3-9 所示。螺旋缝或直缝卷焊管对口时，应使焊缝错开 100mm 以上。

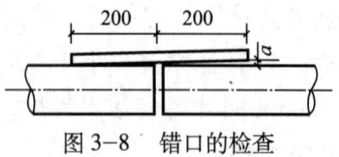

图 3-8 错口的检查

图 3-9 不同壁厚管子的对口

(3) 点焊及校正。管子对口后,应立即点焊使其初步固定,并应检查对口的平直度,发现错口偏差过大时,应打掉焊点重新对口。点焊时,每个接口至少点焊 3~5 处,每处点焊的长度为壁厚的 2~3 倍,点焊缝的高度不得超过管壁厚度 70%。

(4) 接口的焊接。焊接时,应将管子支撑牢固,不得使管子在悬空或受外力的情况施焊。凡可转动的管子应转动焊接,尽量减少死口仰焊。较厚的管子应分层施焊,对壁厚为 6mm 以下的管道,用底层和加强层两道焊接,管壁厚超过 6mm 时,应增加中间层采用三道焊接,并使每层焊缝厚度均匀,各层间焊缝搭接缝错开。

大直径管道焊接每一层时,要对应选取起焊点,对应分配焊缝搭接点,避免焊口受热集中产生变形。焊接好后，焊缝应让其自然冷却，不得浇水骤冷，以免焊缝脆裂。

焊接过程中，应堵死一端管口，防止管内穿堂风流过；焊接环境温度低于 -20℃ 时，焊口应预热，预热温度为 100～200℃，预热长度为 200～250mm。室外焊接应有防风、防雨雪措施，以保证焊缝质量。

二、质量检查

焊缝内部质量应符合 GB 50236—1998《现场设备、工业管道焊接工程施工及验收规范》。此外，还要进行外观检查，表面应平整，宽度、加强面高度应均匀一致，无明显的咬肉、未熔合、未焊透、夹渣、气孔、焊瘤、裂纹等缺陷，即为外观合格。最终检验是水压试验，试验时，焊缝在试验压力下应无变形，工作压力下无渗漏。

管道的电焊焊缝形式主要采用如图 3-10 所示的两种形式，其焊缝的宽度和加强面高度应符合表 3-2 的要求。

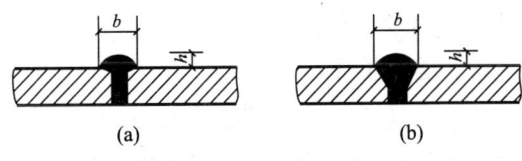

图 3-10　管道焊缝形式
(a) 无坡口；(b) 有坡口

表 3-2 管道焊缝要求

焊缝形式	厚度, mm	2～3	4～6	7～10
无坡口	焊缝宽度 b, mm	5～6	7～9	—
	加强面高度 h, mm	1～1.5	1.5～2	—
有坡口	焊缝宽度 b, mm	盖过每边坡口约 2		
	加强面高度 h, mm	—	1.5～2	2

第四节 承 插 连 接

承插连接是管子一端为承口，另一端为插口，将一根管子的插口插入另一根管子的承口内并灌注填料的连接方法。管道工程中带承口的有铸铁管、陶瓷管、混凝土管、塑料管等。承插口的填料分两层：内层用油麻或胶圈，其作用是使承插口的间隙均匀并使外层填料不致于落入管内；外层填料主要起密封和增强作用。

承插连接根据其使用的填料主要分为石棉水泥接口、自应力水泥接口、石膏氯化钙水泥接口和青铅接口等。

一、准备工作

（1）工具准备。承插连接所用的主要工具是捻口凿和锤子，捻口凿是打麻及捣实用的工具。其规格按端面厚度区分。常用的有 2mm、

4mm、6mm、8mm、10mm 五种。青铅接口还要准备化铅锅及铅勺。

（2）管材的检查。铸铁管在出厂前均涂有沥清漆，因此，轻微的裂纹很难发现。可以将管子的一端支起，用锤子轻轻敲击，如果发出清脆的声音，表示管子完好，否则说明管子有裂纹。应找出裂纹并将带裂纹的管子截掉，余下的部分可继续使用。此外，还要检查管子的几何形状、压力符号、产品合格证。对缺少合格证的管子，使用前应抽取 10% 作水压试验，以确定其是否合格。

（3）管口清理。管子的承口和插口的铁锈、沥青、黏砂、泥土应清理干净。沥清的清除方法可用氧—乙炔焰或喷灯烧烤，然后再用钢丝刷将管口刷净。

（4）打麻或橡胶圈。承插连接的承插间隙内、内层均要打麻或橡胶圈。打麻是将麻拧成比管口间隙大 1.5 倍，比管子外圆长 100～150mm 的结实麻丝股，由接口下方逐渐向上塞进缝隙里，用捻口凿依次把麻丝股塞入间隙，一般要塞打 1～2 圈。如发现插口与承口不同心，要先用捻口凿把它们调至同心。油麻塞好后，用锤子敲击捻口凿头，依次打实，填实深度一般为承口深度的 1/3，保持深浅一致，但不能将麻丝股打断。

当管径大于或等于300mm时，可采用橡胶圈代替油麻股。打圆形橡胶圈的特点是：速度快、省人工、可带水作业。施工时先把橡胶圈套入铸铁管插口，对准承口将管子插入，胶圈同时进入，然后再用捻口凿均匀地打至插口凸台。无凸台的应捻至距边缘10～20mm处。

橡胶圈安装要深浅一致、平展、压实，不得有扭曲、裂纹及断裂等现象，也不得使胶圈滚过插口小台而从管口进入管内。

橡胶圈使用前应经过严格检查，外观应粗细均匀、无气孔、无裂缝、无重皮、接头平整牢固，内环直径一般为插口外径的0.85～0.90倍。橡胶圈宽度应为承口缝隙的1.4～1.6倍，其厚度为承插口缝隙的1.35～1.45倍，橡胶圈断面收缩率为35%～45%。

二、石棉水泥接口

石棉水泥接口是传统的承插接口方式。具有较高的强度和较好的抗震性，但劳动强度大。

石棉水泥接口的材料为石棉：水泥=3：7。石棉采用4级或5级石棉绒，水泥采用不低于425号的硅酸盐水泥。石棉和水泥搅拌均匀后，再加入10%～12%的水揉成潮润状态，能用手捏成团而不松散、扔在地上即散为宜。用水拌好的石棉水泥填料应在 1 h 内用完，否则超过水泥初凝时间、会影响接口效果。

拌合好的石棉水泥填料要分层填塞到已打好油麻或橡胶圈的承插口间隙里，并层层用灰凿打实，每层厚度以不超过 10mm 为宜。当管径小于 300mm 时，采用"三填六打"法。即每填塞一层打实两遍，共填三层，打六遍。当管径大于 350mm 时，采用"四填八打"法。最后捻打至表面呈铁青色，且发出金属响声为合格。接口养护十分重要。可用水拌和黏土成糊状，涂抹在接口外面进行养护，也可用草袋、麻袋片覆盖并保持湿润。石棉水泥接口养护 24 h 以上方可通水进行水压试验。当气温较低时，为了保证石棉水泥接口的施工质量可在水泥中加入 2% ～ 3% 的氯化钙作快干剂。当遇有地下水时，接口处应涂抹沥清防腐层。

三、自应力水泥接口

自应力水泥接口的主要材料是自应力水泥和粒径为 0.5 ～ 2.5mm、经筛选和水洗的纯净中砂。自应力水泥又叫膨胀水泥，它是在硅酸盐水泥中加入矾土和二水石膏混合成。自应力水泥、中砂和水的质量配和比为 1 : 1 : (0.28 ～ 0.32)。拌和好的砂浆填料应在 1 h 内用完。冬天施工时用水需加热，水温应不低于70℃。

拌好的自应力水泥砂浆填料分三次填入已打好油麻或橡胶圈的承插接口内，每填一次都要用捻口凿捣实。最后一次捣至出浆为止，然后抹光表面。不要像捻石棉水泥接口一样用锤子击打。这种接口在12 h以内为硬化膨胀期，最怕触动。因此，在接口打好油麻或橡胶圈后，则要在管道两侧适当填土稳固，以保证填塞自应力水泥时管道不会移动。接口施工完毕后要抹黄泥养护3天。接口做好12 h后，管内可充水养护，但水压不得超过0.1MPa。

自应力水泥接口不宜在气温低于5℃的条件下使用。当气温较低时，应使用热水拌和。施工中应掌握好使用自应力水泥的时间和数量，要使用出厂3个月以内，且存放在干燥条件下的自应力水泥。对出厂日期不明的水泥，使用前应做膨胀性试验，通常采用的简便方法是，将拌和好的自应力水泥灌入玻璃瓶中，放置24 h，如果玻璃瓶被胀破，则说明自应力水泥有效。

使用自应力水泥接口劳动强度小，工作效率高，适用于工作压力不超过1.2MPa的承插铸铁管道。这种接口抗震性能差，故不宜用于有重型车辆通过的公路、铁路或土质松软、基础不实的地方。

四、石膏氯化钙水泥接口

石膏氯化钙水泥接口类似自应力水泥接口。其材料的质量配合比为水泥∶石膏粉∶氯化钙 = 10∶1∶0.5。水为水泥质量的 20%。三种材料中，水泥起强度作用，石膏粉起膨胀作用，氯化钙则促使速凝快干。水泥采用 425 号硅酸盐水泥，石膏粉的粒度应能通过 200 目的纱网，所用石膏为熟石膏粉。

操作时先把一定量的水泥和石膏粉拌匀，把氯化钙溶于水中，然后与干料拌合，并搓成条状填入已打好麻或橡胶圈的承插接口中，并捣实、抹平。最好能在 2min 内完成（料在拌和后 2min 内将完成 85% 的膨胀量），最多不得超过 5 min。接口完成后要保持接口不移动，并抹黄泥或覆盖湿草袋养护 3 天，冬天可用覆土法防冻。

石膏氯化钙水泥接口硬化后表面呈青花色为佳。

五、青铅接口

青铅接口突出的优点是接口质量好，强度高，抗振性好，操作完毕后可以立即通水或试压，无需养护，通水后若发现少量浸水，可用捻口凿进行捻打修补。青铅接口耗用有色金属量大，成本高，只有在工程抢修或管道抗震要求高时才采用。

青铅接口的施工首先要打承口深度约一半的油麻，如果是用橡胶圈应再加一股油麻，以免熔铅烧坏胶圈。然后用卡箍或涂抹黄泥的麻股封住承口，并在上部留出浇铅口。卡箍用帆布做，宽度及厚度各约 40mm，卡箍内壁斜面与管壁接缝处用黄泥抹好。

青铅的牌号常用 Pb-6，含铅量应在 90% 以上。铅在铅锅内加热熔化至表面呈紫红色。铅液面漂浮的杂质应在浇注前除去。向承口内灌注铅使用的容器应进行预热，以免影响铅液的温度或粘附铅液。向承口内灌铅应徐徐进行，使其中的空气能顺利排出。一个接口的灌铅要一次完成，不能中断。待铅液完全凝固后，即可拆除卡箍或麻股，再用锤子和捻口凿打实，直至表面光滑并凹入承口内 2～3mm。

青铅接口操作过程中，要防止铅中毒。在灌铅前承接口内必须保持干燥，不能有积水，否则，灌铅时会爆炸伤人。如果在接口内先灌入少量机油可以起到防止铅液飞溅的作用。

第四章 管道工程图概论

管道工程施工图中会经常见到一些专业术语,这些术语多与机械制图、技术制图和管道施工及验收的国家标准及企业标准有关,包括基础术语、一般规定术语、画法术语、图的种类术语及管道工程专业术语。

第一节 管道工程图常用术语

一、基础术语

(1) 图:用点、线、符号、文字和数字等描绘事物几何特性、形态、位置及大小的一种形式。

(2) 简图:由规定的符号、文字和图线组成示意性的图。

(3) 样图:根据投影原理、标准或有关规定,表示工程对象,并有必要的技术说明的图。

(4) 投影法:投射线通过物体,向选定的面投射,并在该面上得到图形的方法。

(5) 投影面:投影法中,得到投影的面。

(6) 投影:根据投影法所得到的图形。

(7) 分角:用水平和铅垂的两投影面将空

间分成的各个区域。

二、画法术语

(1) 中心投影法：投射线汇交一点的投影法。

(2) 平面投影法：投射线相互平行的投影法。

(3) 正投影法：投射线与投影面相垂直的平行投影法。

(4) 正投影（正投影图）：根据正投影法所得到的图形。

(5) 斜投影法：投射线与投影面相倾斜的平行投影法。

(6) 斜投影（斜投影图）：根据斜投影法所得到的图形。

(7) 轴测投影（轴测图）：将物体连同其参考直角坐标系沿不平行于任一坐标面的方向，用平行投影法将其投射在单一投影面上所得到的图形。

(8) 透视投影（透视图）：用中心投影法将物体投射在单一投影面上所得到的图形。

(9) 标高投影：在物体的水平投影上，加注其某些特征面、线以及控制点的高程数值的正投影。

(10) 视图：根据有关标准和规定，用正投影法所绘制出的物体的图形。

（11）主视图：由前向后投射所得的视图。

（12）俯视图：由上向下投射所得的视图。

（13）左视图：由左向右投射所得的视图。

（14）右视图：由右向左投射所得的视图。

（15）仰视图：由下向上投射所得的视图。

（16）后视图：由后向前投射所得的视图。

（17）局部放大图：将图样中所表示的物体部分结构，用大于原图形的比例所绘出的图形。

（18）平面图：建筑物、构件物等在水平投影上所得的图形。

（19）立面图：建筑物、构件物等在直立投影上所得的图形。

（20）示意图：用规定符号或较形象的图线绘制图样的表意性图示方法。

第二节 管道施工图的分类

一、按专业分类

管道施工图按专业可分为化工工艺管道施工图、采暖通风管道施工图、动力管道施工图、给水排水管道施工图和自控仪表管道施工图等。每一个专业里又可分为许多具体的工程施工图或具体的专业施工图。如给水排水工程施工图可分为给水管道施工图、排水管道施工图和卫生工程施工图。采暖通风施工图可分为采暖、通风、空气调节和制冷管道施工图。动力管道施工图又可分为氧气管道、煤气管道、空压管道、乙炔管道和热力管道等具体的专业管道施工图。

二、按图形和作用分类

管道施工图按图形及其作用可分为基本图和详图两大部分。基本图包括图纸目录、施工图说明、设备材料表、流程图、平面图、系统轴测图和立（剖）面图,详图包括节点图、大样图和标准图。

（一）图纸目录

对于数量众多的施工图纸,设计人员把它按一定的图名和顺序归纳,编排成图纸目录,以便查阅。通过图纸目录我们可以知道参加设计和建设的单位,工程名称、地点、编号及图纸的名称。

（二）施工图说明

凡在图样上无法表示出来而又必须让施工人员知道的一些技术和质量方面的要求,一般都用文字形式来加以说明。它的内容一般包括工程的主要技术数据,施工和验收要求以及注意事项。

(三) 设备、材料表

指该项工程所需的各种设备和各类管道、管件、阀门以及防腐、保温材料的名称、规格、型号、数量的明细表。

以上这三点看上去不过是些文字说明,也没有线条和图形,但它是施工图纸必不可少的一个组成部分。

(四) 流程图

流程图是对一个生产系统或一个化工装置的整个工艺变化过程的表示,通过它可以对设备的位号、建(构)筑物的名称及整个系统的仪表控制点(温度、压力、流量及分析的测点)有一个全面的了解。同时,对管道的规格、编号、输送的介质,流向以及主要控制阀门等也有一个确切的了解。

(五) 平面图

平面图是施工图中最基本的一种图样,它主要表示建(构)筑物和设备的平面分布,管线的走向、排列和各部分的长宽尺寸,以及每根管子的管径和标高等具体数据。施工人员看了平面图后,对这项工程就有了大致的了解。

(六) 系统轴测图

系统轴测图是一种立体图,它能在一个图面上同时反映出管线的空间走向和实际位置,帮助我们想象管线的布置情况，减少看正投影图的困难。它的这些优点能弥补平、立面图的不足之处，是管道施工图中的重要图样之一。系统图有时也能替代立面图或剖面图。

(七) 立面图和剖面图

立面图和剖面图是施工图中最常见的一种图样，它主要表达建（构）筑物和设备的立面分布，管线垂直方向上的排列、走向以及每路管线的编号、管径和标高等具体数据。在管道施工图中，立面图和剖面图从识读的方法上来说大致相同。

(八) 节点图

节点图能清楚地表示某一部分管道的详细结构及尺寸，是对平面图及其他施工图所不能反映清楚的某点图形的放大。节点用代号来表示它所在部位。例如，"A"节点那就要在平面图上找到用"A"所表示的部位。

(九) 大样图

大样图是表示一组设备的配管或一组管配件组合安装的一种详图。大样图的特点是用双线图表示，对物体有真实感，并对组装体各部位的详细尺寸都做了注记。

(十) 标准图

标准图是一种具有通用性质的图样。标准

图中标有成组管道、设备或部件的详细图形和详细尺寸，但是它一般不能单独作为施工图纸，只能作为某些施工图的一个组成部分。

第三节 管子、管件、阀门等常用图例符号

图例是一种用示意性的简单图形表示具体的设备、管道等的象形符号。工艺管道图中常用的图例符号见表4-1。

表4-1 管道图中常用的图例符合

名　　称	图例符号	备　　注
电伴热管道		
夹套管道		
软管、翅管		例如，橡胶管 例如，翅型加热管
管道连接	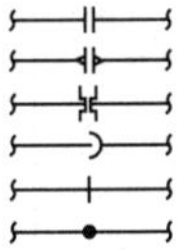	平焊法兰连接 对焊（高颈）法兰连接 活套法兰连接 承插连接 螺纹连接 焊接连接
法兰盖（盲板）	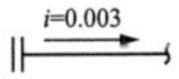 $i=0.003$	表示坡度3‰，箭头表示坡向
椭圆型封头（管帽）		
平板封头		

续表

名　　称	图例符号	备　　注
8字形盲板		注明操作开或操作关
同心大小头		又称同心异径管
偏心大小头		又称偏心异径管
防空管、防雨帽、火炬		
孔板		锐孔板或限流锐孔板
分析取样接口		
计器管嘴		注明：温 3/8in 压 1/2in
漏头 视镜 转子流量计		注明型号或图号
临时过滤器		注明图纸档案号
玻璃管液面计、玻璃板液面计、高压液面计		注明型号或图号
地漏		注明型号或图号
取样阀、实验室用龙头、底阀		注明型号
丝堵		
活接头		
挠性接头		

续表

名　　称	图例符号	备　　注
波形补偿器	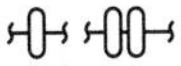	注明型号或图号
方形补偿器		注明型号或图号
填料式补偿器		注明型号或图号
Y形过滤器		注明型号
锥形过滤器	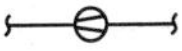	注明型号
消声器、阻火器、爆破膜	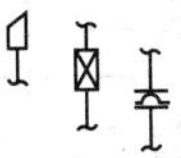	注明型号或图号
喷射器		注明型号或图号
疏水器		注明型号
液动阀或气动阀		注明型号
电动阀		注明型号
球阀、蝶阀	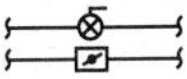	注明型号
角阀		注明型号
90°弯管（向上弯）	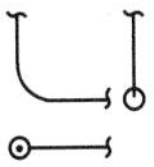	俯视图中竖管断口面成圆，圆心画点，横管画至圆周；左视图中横管画成圆，竖管画至圆心
90°弯管（向下弯）	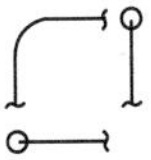	俯视图中，竖管画成圆，横管画至圆心；左视图中横管画成圆，竖管画至圆心

续表

名　　称	图例符号	备　注
管路投影相交	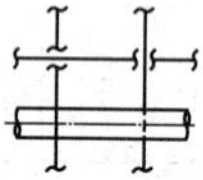	其画法可把下面被遮盖部分的投影断开或画成虚线，也可将上面可见管道的投影断裂表示
管路投影重合	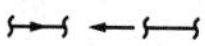	画法是将上面管道断裂表示
隔膜阀、减压阀	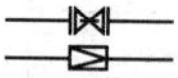	注明型号
止回阀	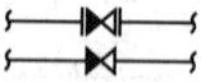	注明型号
平台面符号	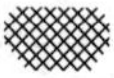	
安全阀	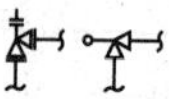	弹簧式与重锤式注明型号
来回弯（45°）	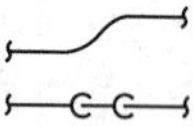	俯视图中两次45°拐弯画成半圆表示
三通	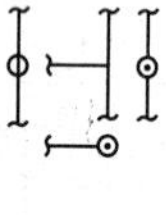	俯视图：竖管断口画成圆，圆心画成点；横管画至圆周。左视图：横管断口画成圆，圆心画点；竖管画至圆周。右视图：横管画成圆，竖管通过圆心
管段编号、规格的标注和介质流向箭头	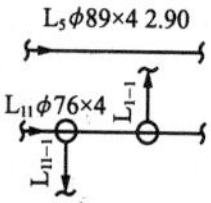 $L_5\phi89\times4\ 2.90$ $L_{11}\phi76\times4$	L_5 为管路编号；$\phi89\times4$ 为管材规格；箭头表示介质流向；2.900 为管路标高。L_{11} 为总管编号；L_{11-1}、L_{11-2} 为支管编号

续表

名　　称	图例符号	备　　注
地面符号		
截止阀（螺纹连接）	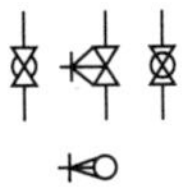	注明型号
截止阀（法兰连接）	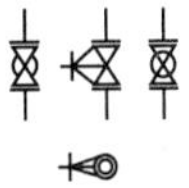	注明型号
旋塞（法兰连接）	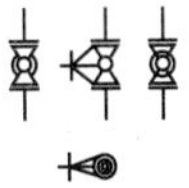	注明型号
闸阀（螺纹连接）	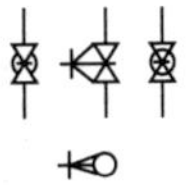	注明型号
闸阀（法兰连接）	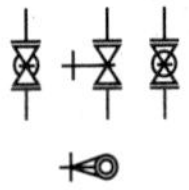	注明型号
管架		固定管架、架空管架、管墩

第四节　管道施工图表示方法

一、标题栏

标题栏提供的内容比图纸目录更进一层，

常见的格式和内容见表4-2。

表4-2 标题栏

设计单位全称					
设计			（图名或标题）		
校核					
审核					
设计项目			比例		图号
设计阶段					

项目：应根据该项工程的某一车间或工段的具体工程名称而定。

图名：表明本张图纸的名称和主要内容。

设计号：是指设计部门对该项工程的编号，有时也是工程的代号。

图别：表明本图所属的专业和设计阶段。

图号：表明本专业图纸的编号顺序（一般用阿拉伯字注写）。

二、比例

管道图纸上的长短与实际大小相比的关系叫做比例。

管道施工图的比例依据装置或车间内管道布置的复杂程度和画图的需要进行选择。各类管道施工图常用的比例见表4-3。

表 4-3 管道施工图常用比例

名　　称	比　　例
厂区（小区）总平面图	1∶2000、1∶1000、1∶500、1∶200
总图中管道断面图	横向 1∶1000、1∶500、纵向 1∶200、1∶100、1∶50
室内管道平、剖面图	1∶200、1∶100、1∶50、1∶20
管道系统轴测图	1∶200、1∶100、1∶50 或不按比例
流程图或原理图	无比例
设备加工图	1∶100、1∶50、1∶40、1∶20
部件、零件详图	1∶50、1∶40、1∶20、1∶10、1∶5、1∶2、1∶1、2∶1

三、标高

标高是标注管道或建筑物高度的一种尺寸形式。标高符号的标志形式如图 4-1 所示。

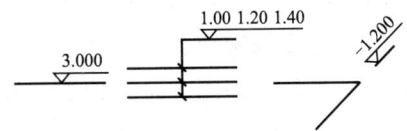

图 4-1　平面图与系统图中管道标高的标注

标高符号用细实线绘制，三角形的尖端画在标高引出线上，表示标高位置，尖端的指向可以向下，也可以向上。剖面图中的管道标高应按图 4-2 所示进行标注。当有几条管线在

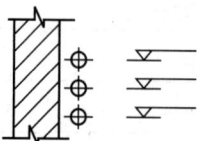

图4-2 剖面图中管道标高的标准

相邻位置时,可以用引出线引至管线外面,再画标高符号,在标高符号上分别注出几条管线的标高值,如图4-1所示。

标高值以m为单位,在一般图纸中宜注写到小数点后第三位,在总平面图及相应的厂区(小区)管道施工图中可注写到小数点后第二位。各种管道应在起迄点、转角点、连接点、变坡点、交叉点等处视需要标注管道的标高;地沟宜标注沟底标高;压力管道宜标注管中心标高;室内外重力管道宜标注管内底标高;必要时,室内架空重力管道可标注管中心标高,但图中应加以说明。

标高有绝对标高和相对标高两种。

绝对标高是把我国青岛附近黄海的平均海平面定为绝对标高的零点,其他各地标高都以它为基准。如果总平面图上某一位置的高度比绝对标高零点高5.2m,那么这个位置的绝对标高为5.20。

相对标高一般是以新建建筑物的底层室内主要地坪面定为该建筑物的相对标高的零点,用±0.000表示,比地坪面低的用负号表示,如-1.350表示这一位置比室内底层地坪面低

1.35m，比相对标高零点高的标高数值前不写"＋"号，如3.200表示这一位置比室内底层地坪面高3.2m。

四、管径标注

施工图上的管道必须按规定标注管径。管径尺寸应以mm为单位，在标注时通常只注写代号与数字，而不注明单位。

低压流体输送用焊接钢管、镀锌焊接钢管、铸铁管等，管径应以公称直径 DN 表示，如 $DN15$、$DN50$ 等；无缝钢管、直缝或螺旋缝电焊钢管、有色金属管、不锈钢管等，管径应以外径×壁厚表示，如 $D108\times4$、$D426\times7$ 等；耐酸瓷管、混凝土管、钢筋混凝土管、陶土管（缸瓦管）等，管径应以内径 d 表示，如 $d230$、$d380$ 等。塑料管管径可用外径表示，如 $De20$、$De110$ 等，也可以按产品标准方法表示。

管径在图纸上一般标注在以下位置上：（1）管径尺寸变径处；（2）水平管道的管径尺寸注在管道的上方；（3）斜管道的管径尺寸注在管道的斜上方；（4）立管的管径尺寸注在管道的左侧，如图4-3所示。

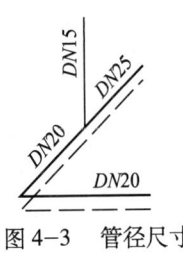

图4-3 管径尺寸标注位置图

当管径尺寸无法按上述位置标注时，可另找适当位置标注。多根管线的管径尺寸可用引出线进行标注，如图4-4所示。

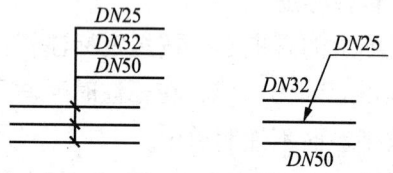

图4-4 多根管线管径尺寸的标注

五、坡度及坡向

管道的坡度及坡向表示管道倾斜的程度和高低方向，坡度用符号 i 表示，在其后加上等号并注写坡度值。坡向用单面箭头表示，箭头指向低的一端。常用表示方法如图4-5所示。

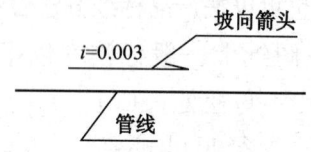

图4-5 坡度及坡向表示方法

六、管道连接的表示方法

管道连接形式有好几种，其中法兰连接、承插连接、螺纹连接和焊接连接是最常见的，它们的连接符号见表4-4。

表4-4　管道连接形式及其规定符号

管道连接形式	图　　例	规定符号
法兰连接		 —⊦⊦—
承插连接		 —→—
螺纹连接		 —┼—
焊接连接		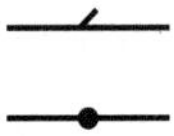 —⁄—

法兰连接符号在平、立（剖）面图及系统图中最为常见，承插、螺纹和焊接连接符号一般仅在系统图中出现，而在平、立（剖）面图中很少出现。管道连接形式往往在施工说明中注明。

第五节　管道施工图的识读

一、管道施工图的特点

管道施工图属于建筑图和化工图的范畴，

它的显著特点是示意性和附属性。管道作为建筑物或化工设备的一部分,在图纸上是示意性画出来的,图纸中以不同的图线来表示不同介质或不同材质的管道,图样上管件、附件、器具设备等都用图例符号表示,这些图线和图例只能表示管线及其附件等安装位置,而不能反映安装的具体尺寸和要求。因此,在学习看图之前,必须初步具备管道安装的专业工艺知识,了解管道安装操作的基本方法及各种管路的特点与安装要求,熟悉各类管道施工规范和质量标准,只有这样才算具备了看图的基础。

属于建筑范畴的管道,如给水排水管道、采暖与制冷管道、动力站管道等,大多数都布置在建筑物上。管道对建筑物的依附性很强,看这类管道施工图,必须对建筑物的构造及建筑施工图的表示方法有所了解,才能看懂图纸,搞清管道与建筑物之间的关系。化工管路是化工设备的一部分,它将各个化工设备连接起来,形成了化工装置。化工管路既有独立性的一面,又有与化工设备相关的一面,看懂这类施工图,必须对化工生产工艺流程和化工设备的构造、作用以及在图样上的表示方法有所了解。

二、识读方法

各种管道施工图的看图方法，一般应遵循从整体到局部，从大到小，从粗到细的原则，同时要将图样与文字对照看，各种图样对照看，以便逐步深入和逐步细化。看图过程是一个从平面到空间的过程，必须利用投影还原的方法，再现图纸上各种线条、符号所代表的管路、附件、器具、设备的空间位置及管路的走向。

看图顺序是首先看图纸目录，了解建设工程性质、设计单位、管道种类，搞清楚这套图纸一共有多少张，有哪几类图纸，以及图纸编号；其次是看施工说明书、材料表、设备表等一系列文字说明，然后按照流程图（原理图）、平面图、立（剖）面图、系统轴测图及详图的顺序，逐一详细阅读。由于图纸的复杂性和表示方法的不同，各种图纸之间应该相互补充，相互说明，所以看图过程不能死板的一张一张地看，而应该将内容相同的图样对照起来看。

对于每一张图纸，看图时首先看标题栏，了解图纸名称、比例、图号、图别以及设计人员。其次看图纸上所画的图样、文字说明和各种数据，弄清管线编号、管路走向、介质流向、坡度坡向、管径大小、连接方法、尺寸标高、施工要求；对于管路中的管子、管件、附件、支架、器具（设备）等应弄清楚材质、名称、种类、规格、型号、数量、参数等；同时还要弄清楚管路与建筑物、设备之间的相互依存关系和定位尺寸。

三、识读的内容

（一）流程图

（1）掌握设备的种类、名称、位号（编号）、型号。

（2）了解物料介质的流向以及由原料转变为半成品或成品的来龙去脉，也就是工艺流程的全过程。

（3）掌握管子、管件、阀门的规格、型号及编号。

（4）对于配有自动控制仪表装置的管路系统还要掌握控制点的分布状况。

（二）平面图

（1）了解建筑物的朝向、基本构造、轴线分布及有关尺寸。

（2）了解设备的位号（编号）、名称、平面定位尺寸、接管方向及其标高。

（3）掌握各条管线的编号、平面位置、介质名称、管子及管路附件的规格、型号、种类、数量。

(4) 管道支架的设置情况，弄清支架的型式作用、数量及其构造。

(三) 立（剖）面图

(1) 了解建筑物竖向构造、层次分布、尺寸及标高。

(2) 了解设备的立面布置情况，查明位号（编号）、型号、接管要求及标高尺寸。

(3) 掌握各条管线在立面布置上的状况，特别是坡度坡向、标高尺寸等情况，以及管子、管路附件的各类参数。

(四) 系统图

(1) 掌握管路系统的空间立体走向，弄清楚管路标高、坡度坡向、管路出口和入口的组成。

(2) 了解干管、立管及支管的连接方式，掌握管件、阀门、器具设备的规格、型号、数量。

(3) 了解管路与设备的连接方式、连接方向及要求。

第五章　管道的单线图与双线图

　　管道施工图从图形上可分成单线图和双线图。因为在实际施工中，要安装的管线往往很长很多，把这些管线画在图纸上时，线条往往纵横交错密集繁多，不易分清；同时，为了在图纸上能完整显示这些代表管子和管件的线条，势必要把每根管子和管件都画得很小很细才行。在这种情况下，管子和管件的壁厚就很难再用虚线和实线表示清楚，所以在图形中仅用两根线条表示管子和管件形状。这种不再用线条表示管子壁厚的方法通常叫做双线表示法，由它画成的图样称为双线图。

　　另外，由于管子的截面尺寸比管子的长度尺寸要小得多，所以在小比例尺的施工图中，往往把管子的壁厚和空心的管腔全部看成是一条线的投影。这种在图形中用单根粗实线来表示管子和管件的图样，通常叫做单线表示法，由它画成的图样称为单线图。这章我们将着重介绍管道的单线图和双线图。

第一节 单线图和双线图

一、管子的单、双线图

在图 5-1 中我们可以看到：在短管主视图里虚线表示管子的内壁；在短管俯视图里的两个同心圆中，一个小的圆表示管子的内壁，这是三面视图中常用的表示方法。在图 5-2 中，管子的长短和管径同图 5-1，但是用于表示管子壁厚的虚线和实线已省去不画了。这种仅用双线表示管子形状的图样，就是管子的双线图。

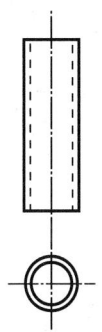 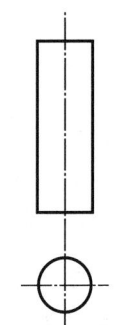

图 5-1 用三视形式 图 5-2 用双线图
　　　表示的短接　　　　　形式表示的短接

对于初学者来说，切勿把空心圆管的双线图同实心圆柱体的三视图混淆。图 5-3 是管子的单线图。根据投影原理，它的平面投影应积聚成一个小圆点，但为了便于识别，我们在小圆点外面加画了一个小圆。然而也有的施工图中，仅画成一个小圆，小圆的圆心并不加点。从国外引进的施工图中，则表示积聚的小圆被十字线一分为四，其中有两个对角处，打上细斜线阴影。这三种单线图画法，如图5-4所示。虽然在图形上有所不同，但所表达的意义却相同。

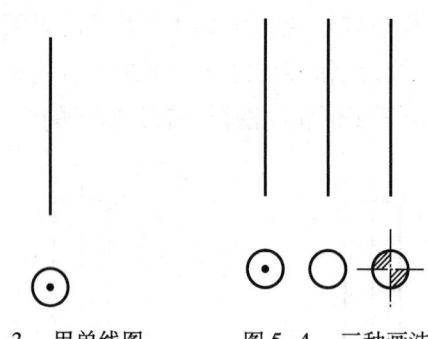

图5-3 用单线图形式表示的短接

图5-4 三种画法意义相同

二、弯头的单、双线图

图5-5是一个90°微弯弯头的三面视图。在三个视图里所有管壁都已按规定画出。图5-6是同一弯头的双线图。在双线图里，不仅管子壁厚的虚线可以不画，而且弯头投影看不见的虚线部分也可以省略不画，如图5-7所示。这两种双线图的画法虽然在图形上有所不同，但意义上却是相同的。

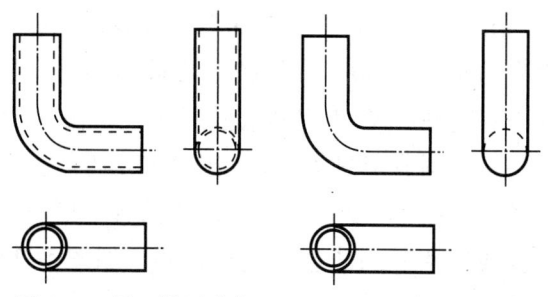

图 5-5 用三视图形式　　图 5-6 用双线图形式
　　　表示的弯头　　　　　　　表示的弯头

图 5-8 是弯头的单线图。在平面图上先看到立管的断口,后看到横管;画图时,同管子的单线图表示方法相同,对于立管断口的投影不画成一个小圆点,而画成一个有圆心点的小圆,横管画到小圆边上。在侧面图(左视图)上,先看到立管,横管的断口在背面看不到;这时横管应画成小圆,立管画到小圆的圆心。在单线图里,管子画到圆心的小圆,也可以把小圆稍微断开来画,如图 5-9 所示。这两种单线图的画法,虽然在图形上有所不同,但意义上却相同。

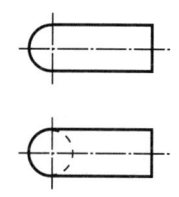 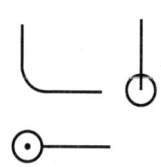 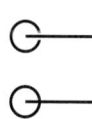

图 5-7 双线图的　　图 5-8 用单线图　　图 5-9 两种
　　两种画法　　　　形式表示的弯头　　画法意义相同

图 2-10 为 45°弯头的单、双线图。45°弯头的画法同 90°弯头的画法很相似,只是画小圆时 90°弯头应画成整只小圆,而 45°弯头只需画成半只小圆,如图 5-10 所示。在单线图中,空心的半只圆,同半只圆上加一条细实线这两种画法意义完全相同,如图 5-11 所示。

图 5-10 45°弯头的单、双线图

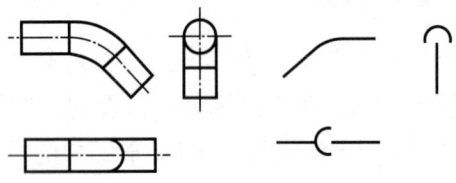

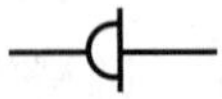

图 5-11 45°弯头单线图两种画法

总之,对于 90°或 45°弯头单线图的画法,要掌握的要领是:先投影到的管段指向小圆心或半圆心;后投影到的管段指向小圆边或半圆边。

三、三通的单、双线图

图 5-12 是同径正三通的三面视图和双线图,两管的交接线呈 V 字形直线。画双线图时,只要把表示壁厚的虚线和实线省去不画,仅画外形图样即可。

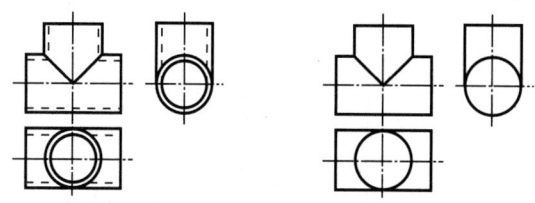

图 5-12 同径三通的三视图和双线图

图 5-13 是异径正三通的三视图和双线图，两管的交接线为弧线。画双线图时，只要把表示壁厚的虚线和实线省去不画，仅画外形图样即可。

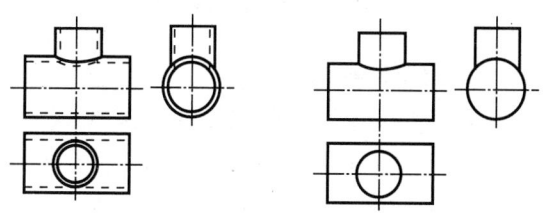

图 5-13 异径三通的三视图和双线图

图 5-14（a）是三通的单线图。在平面图上先看到立管的断口，所以把立管画成一个圆心带点的小圆，横管画到小圆边上。在左立面图（左视图）上先看到横管的断口，所以把横管画成一个圆心带点的小圆，立管画在小圆两边。在右立面图（右视图）上，先看到立管，横管的断口在背面看不到，这时横管画成小圆，立管通过圆心。在图 5-14（b）中，还有

一种表示形式，即小圆同直线稍微断开，这两种画法意义相同。

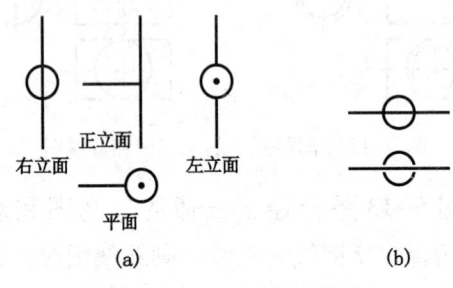

图 5-14 三通的单线图

第二节 管子的积聚

一、直管的积聚

一根直管积聚后的投影用双线图形式表示就是一个小圆，用单线图形式表示则为一个小点（为了便于识别，我们规定把它画成一个圆心带点的小圆）如第一节中图 5-2、图 5-3 所示。

二、弯管的积聚

直管弯曲后就成了弯管，通过对弯管的分析可知弯管是由直管和弯头两部分组成。直管积聚后的投影是个小圆，与直管相连接的弯头，在拐弯前的投影也积聚成小圆，并且同直管积聚成小圆的投影重合，如图 5-15 所示。

如果先看到横管弯头的背部,那末在平面图上显示的仅仅是弯头背部的投影,与它相连接的直管部分虽积聚成小圆,但被弯头的投影所遮盖,故呈虚线如图 5-16 所示。

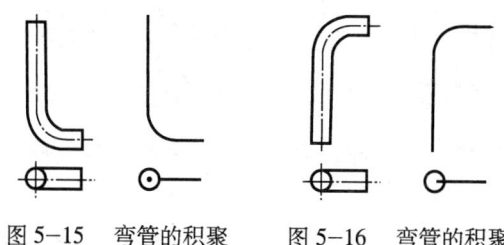

图 5-15　弯管的积聚　　图 5-16　弯管的积聚

在用单线图表示时,前者,先看到立管断口,后看到横管的弯头,一定要把立管画成一个圆心带点的小圆,代表横管的直线画到小圆边(见图 5-15)。后者,则要把立管画成小圆,代表横管的直线则画到圆心(见图 5-16)。

三、管子与阀门的积聚

直管与阀门连接的投影从平面图上看,好像仅仅是个阀门并没有管子,其实直管积聚成的小圆同阀门内径的投影重合,如图 5-17 所示。在单线图里如果仅仅是一只阀门的平面图,小圆圆心处应该没有圆点。如果阀门的小圆当中有一点,即表示阀门同直管相连接,而且直管在阀门之上先看到。如果直管在阀门的下面,在平面图上将只看到阀门的投影，直管的投影积聚后，已经完全同阀门的内径的投影重合。

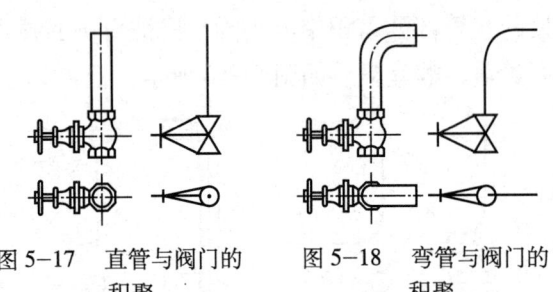

图 5-17　直管与阀门的积聚　　图 5-18　弯管与阀门的积聚

阀门与弯管相连，先看到弯头背部，再看到阀门。立管部分在平面图上反映不出，它所积聚成的小圆，被弯头的投影所遮盖，如图 5-18 所示。由于先看到弯头背部，再看到阀门，所以在单线图上应画出单线弯头，再画出阀门手柄。如果先看到阀门，后看到弯管，根据投影的积聚规律，可以想象出立面图。如果弯管在阀门的下面，则立面图中，不论阀门和弯管都显示完整无缺。而平面图上，由于积聚的原因，将只能看到横管的一部分，横管的另一部分被阀门所遮盖。

第三节　管子的重叠

一、管子的重叠形式

长短相等、直径相同（或接近）的两根管

子，如果叠合在一起的话，它们的投影就完全重合，反映在投影面上好像是一根管子的投影，这种现象称为管子的重叠。图5-19是一组"n"形管的单、双线图，在平面图上由于两根横管重叠，看上去好像是一根弯管的投影。

多根管子的投影重合后也是如此。图5-20是一路由四根成排支管组成的单、双线图在平面图上看到的却是一根弯管的投影。

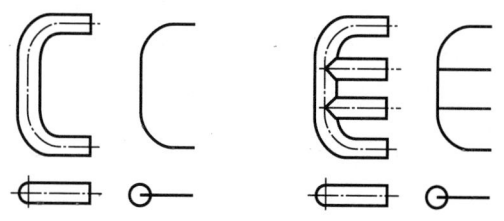

图5-19　"n"形管的重叠　图5-20　成排支管的重叠

二、两路管线的重叠表示方法

为了识读方便对重叠管线的表示方法作了规定，当投影中出现两路管子重叠时，假想前（上）面一路管子已经截去一段（用折断符号表示），这样便显露出后（下）面一根管子，用这样的方法就能把两路或多路重叠管线显示清楚。工程图中，这种表示管线的方法，称为折断显露法。

图5-21是两根重叠管线的平面图，表示断开的管线高于中间显露的管线；如果此图是

立面图,那么断开的管线表示在前,中间显露的管线表示在后。

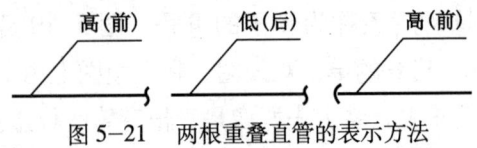

图 5-21　两根重叠直管的表示方法

图 5-22 是弯管和直管两根重叠管线的平面图,当弯管高于直管时,它的平面图,如图 5-22 (a) 所示,画起来一般是让弯管和直管稍微断开 3～4mm(断开处可加折断符号,也可不加折断符号),以示区别弯管和直管不在同一个标高上。如果是立面图,则表示弯头在前面,直管在后面。当直管高于弯管时,一般是用折断符号将直管折断,并显露出弯管,它的平面图如图 5-22 (b) 所示。如果此图是立面图时,那么表示直管在前面,弯管在后面。

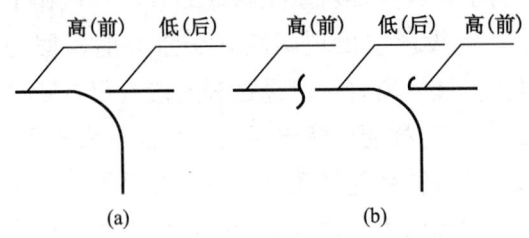

图 5-22　直管和弯管的重叠表示

三、多路管线的重叠表示方法

通过对图 5-23 中平、立面图的分析可知,这是四路管径相同、长短相等、由高向低、平行排列的管线。如果仅看平面图，不看管线编号的标注，很容易误认为是一路管线，但对照立面图就能知道是四路管线了。编号自上而下分别为1号、2号、3号、4号，如果用折断显露法来表示四路重叠管线，就可以清楚地看到，1号为最高管，2号为次高管，3号为次低管，4号为最低管，如图5-24所示。

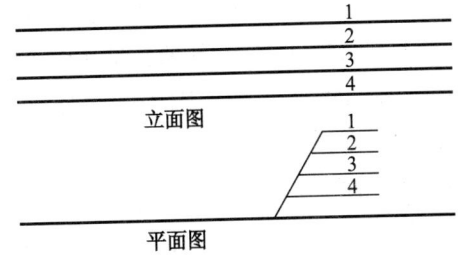

图5-23 四路成排管线的平、立面图

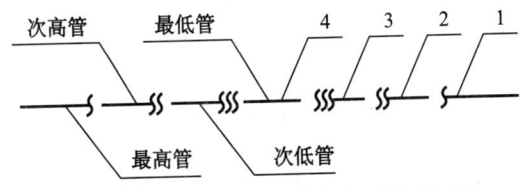

图5-24 用折断显露法表示的平面图

运用折断显露法画管线时，折断符号的画法也有明确的规定，只有折断符号为对应表示时，才能理解为原来的管线是相连通的。例如，一般折断符号如用呈 s 形状的一曲表示，那么管线的另一端相对应的也必定是一曲，如用二曲表示时，相对应的也是二曲，依此类推，不能混淆（见图 5-24）。

第四节　管子的交叉

一、两路管线的交叉

在图纸中经常出现交叉管线，这是管线投影相交所致。如果两路管线投影交叉，高的管线不论是用双线，还是用单线表示，它都显示完整；低的管线在单线图中却要断开表示，在双线图中则应用虚线表示清楚，见图 5-25（a）和（b）所示。

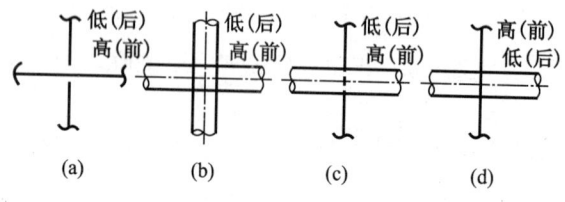

图 5-25　两路管线的交叉

在单、双线图同时存在的平面图中，如果大管（双线）高于小管（单线），那么小管的投影在与大管投影相交的部分用虚线表示，如图 5-25（c）所示；如果小管高于大管时，则不存在虚线，如图 5-25（d）所示。

如果图 5-25 是立面图，那么原来在平面图中是高管的成为前管，原来是低管的则成为后管。图 5-25 中，两根管线投影交叉示例取交叉角为 90°，当两根管线以任意角度交叉时，上述方法同样适用。

二、多路管线的交叉

图 5-26 是由 a、b、c、d 四路管线投影相交所组成的平面图。当图中小口径管线（单线表示）与大口径管线（双线表示）的投影相交时，如果小口径管线高于大口径管线，则小口径管线显示完整并画成粗实线，可见 a 管高于 d 管；如果大口径管线高于小口径管线，那么，小口径管线被大口径管线遮挡的部分应用虚线表示，也就是 d 管高于 b 管和 c 管，根据这个道理，可知 c 管既低于 a 管，又低于 d 管，但高于 b 管；也就是说，a 管为最高管，d 管为次高管，c 管为次低管，b 管为最低管。如果图 5-26 是立面图，那么 a 管是最前面的

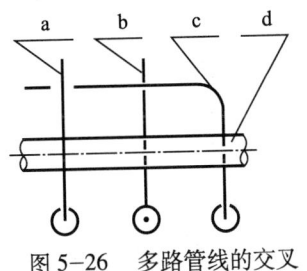

图 5-26　多路管线的交叉

管子，d管为次前管，c管为次后管，b管为最后面的管子。

第五节　管线正投影图的识读

一、识读的步骤和方法

（一）看视图，想形状

拿到一张管线的正投影图后，先要弄清它是用那几个视图来表示这些管线形状和走向的，再看平面图与立面图、立面图与侧面图、侧面图与平面图这几个视图之间的关系又是怎样的，然后想象出这些管线的大概轮廓形状。

（二）对线条，找关系

管线的大概轮廓想象出后，各个视图之间的相互关系可利用对线条（即对投影关系）的方法，找出视图之间对应的投影关系，尤其是积聚、重叠、交叉管线之间的投影关系。

（三）合起来，想整体

看懂了诸视图的各部分形状后，再根据它们相应的投影关系综合起来想象，对各路管线形成一个完整的认识。这样，就可以在脑子里把整个管线的立体形状、空间走向、完整地勾画出来了。

二、识读举例

例3　运用正投影原理，根据平面图试

画出其立面图的草图（垂直管线部分长短任意）。

在图5-27中，平面图的图样是已知的，运用"对线条，找关系；合起来，想整体"的方法对平面图进行分析，可知这路管线是由两只摇头弯拼接而成，管线的标高从左到右逐渐降低。在此基础上，把立面图的草图画出来，然后对管线描浓加深，并把辅助线条擦去，通过这个练习，使初学者加深对"对线条，找关系"这方面的理解。

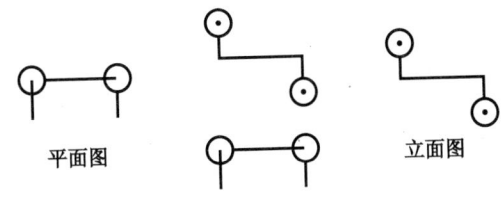

图5-27　根据平面图画立面图

例4　试对来回弯图样识读。

图5-28是一组由两个方向相反的90°弯头组成的来回弯。

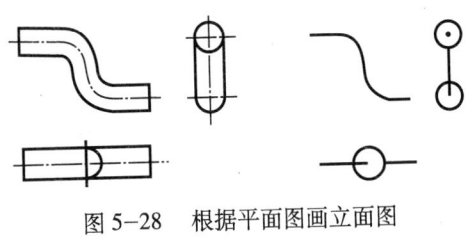

图5-28　根据平面图画立面图

例5　试对摇头弯图样识读。

图 5-29 是一组摇头弯的单、双线图,从图上可知,摇头弯是由两个方向互成 90°的弯头组成的。

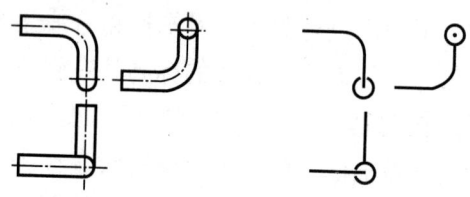

图 5-29　摇头弯的单、双线图

第六章　管道的轴测图

管道施工图中通常采用两种图样，一种是根据正投影原理绘制的平面图、立面图和剖面图等；另一种是根据轴测投影原理绘制的管线立体图，也称轴测图（俗称透视图）。

目前，国际上在管道工程的设计方面已全面推广模型设计，采用电子计算机绘制以单线形式表示的管段轴测图取代过去的管道布置图，以加快设计速度，提高设计质量，并为管道工程的工厂化施工创造条件。此外，设计人员的现场技术交底，管子预制加工的草图绘制也大多用轴测图的形式。因此，不论是在给水排水、采暖通风还是在化工工艺的管道施工图中，轴测图都占有重要地位。

这一章节，我们不仅要学习管道轴测图的识读方法，而且还要掌握简单的绘制方法。

第一节　轴测图的概念

一、轴测图的分类

根据平行投射线与轴测投影面的夹角不同，轴测图分为正轴测投影图和斜轴测投影图两大类。

(一) 正轴测投影图

形体与轴测投影面之间倾斜，用与轴测投影面垂直的平行投射线投射物体时，得到的投影图为正轴测投影图。

(二) 斜轴测投影图

形体与轴测投影面之间平行或垂直，用与轴测投影面倾斜的平行投射线投射物体时，得到的投影图为斜轴测投影图。

二、轴测图的特点

轴测图属于一种单面投影，是用一个投影图表示出形体的立体形状。因为轴测图是用平行投影法进行投影所得到的一种投影图，所以轴测图具有平行投影的特性。

(1) 形体上互相平行的线段在轴测投影中仍然互相平行。

(2) 形体上平行于直角坐标轴的线段，其轴测投影也必然与相应的轴测轴平行，且所有同一轴向的线段的变形系数相同。

(3) 形体上平行于轴测投影面的平面在轴测投影图中反映实形。

(4) 轴测图中的阀门和管件只确定其中心线的位置，并非按比例绘制。轴测图中的设备用细实线或双点画线表示，只示意出设备的外形轮廓和设备的管道接口。

三、轴测图的作用

图 6-1 是一组水池、水泵和水塔的管路图，这组管路的流程是由水泵进口处的管道从水池里吸水，然后通过水泵出口处的管道把水送到水塔里面。这路管线虽然很简单，但必须把平面图、立面图和侧面图结合起来才能看懂。由此可见，用正投影法画出的图样尽管能准确无误地反映出管线的空间走向和具体位置，但由于分散地反映在几个图面上，缺乏立体感，所以看起来既不形象又很费力。管道轴测图则能把平、立面图中的管线走向在一个图面里形象、直观地反映出来。如果一个系统里有许多纵横交错的管线，轴测图就更能显示出它的独特的作用。它那富有立体感的线条能清晰完整、一目了然地把整个管线系统的空间走向和位置反映出来，使施工人员很快就能建立起立体概念。

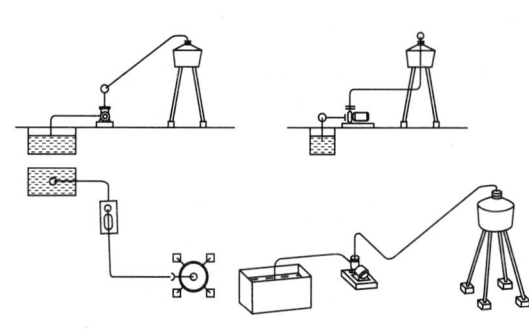

图 6-1　管道平、立、侧面图轴测图的比较

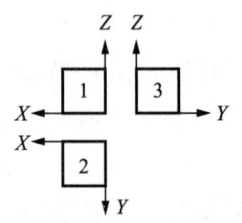

图 6-2 立方体的三视图

如上所述,管道轴测图有能把平、立面图的图样反映在一个图面上的特点,那么它是根据什么原理画出来的呢?让我们先来看一个立方体的三视图,在图 6-2 中,每个视图只能分别反映立方体的 1、2、3 三个面中的一个面,这主要是把立方体放在三个互相垂直的投影面之间,用三组分别垂直于各投影面的平行投射线进行投影的缘故。在图 6-3 中,立方体 1、2、3 三个面能同时反映在一个图样中,这主要是因为轴测投影图是用一组平行的投射线将立方体连同三个坐标轴一起投在一个新的投影面上的缘故。所谓坐标轴是指在空间交于一点而又相互垂直的三条直线。利用这三条直线来确定物体在空间上下、左右、前后的位置和具体尺寸,这就是轴测图的基本原理。

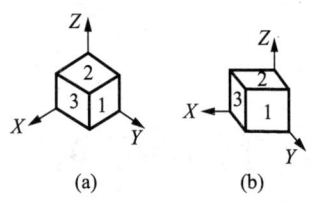

图 6-3 立方体的轴测图

第二节 正等轴测图

一、轴间角和各轴向的简化缩短率

在图6-4（a）中，以正立方体为例，投射线方向系穿过正立方体的对顶角，并垂直于轴测投影面。把正立方体 X、Y、Z 轴放在同投影面的倾角都相等时，所得到的正等轴测图，称为正等测图。这样，不仅三条坐标轴与轴测投影面的倾角相等，三个坐标面与轴测投影面的倾角也相等。据推导，此时它们的轴间角 $\angle XOY$、$\angle YOZ$、$\angle ZOX$ 均为120°。轴测轴 OX 和 OY 与水平线的夹角 $\angle XON$、$\angle YOM$ 叫做轴倾角，在正等测中，轴倾角均为30°三个轴的轴向缩短率也相等，都是0.82，为了作图方便起见，轴向缩短率都取1，称为简化缩短率，如图6-4（b）所示。这样沿轴向的尺寸

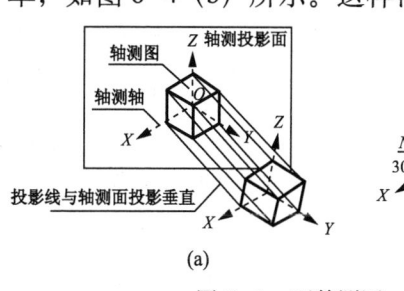
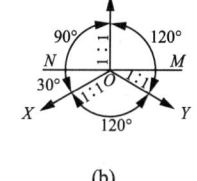

图6-4　正等测图
（a）正等测图的形式；
（b）轴间角、轴倾角和轴向的简化缩短率

都可以按实长去量取，很方便。不过，画出来的图形比实际的轴测投影要大些，各轴向长度的放大比例都是1.22∶1。画正等测图时应注意以下几点：

（1）物体上的直线画在正等测图上仍为直线。空间直线平行某一坐标轴时，画它的轴测投影时，仍应平行于相应的轴测轴。

（2）空间两直线互相平行，画在正等测图上仍然平行。

（3）凡不平行于轴测投影面的圆，其轴测投影一般画为椭圆。

（4）轴测轴的方向可以取相反方向，画时轴测轴可以向相反方向任意延长。

（5）OZ轴一般画成垂直位置，OX轴和OY轴可以换位。

画正等测管道轴测图，基本上也根据这几条原则，但由于管线投影的复杂性和表现形式的特殊性，也就决定了管道轴测图的复杂性和特殊性。

画正等测管道轴测图时，在选定OX、OY、OZ这三个轴测轴同上下、左右、前后这六个方位的关系时，一般有两种选轴的方法：前后走向的管线如取OX轴方向，那么左右走向的管线和OY轴方向一致，如图6-5（a）

所示。反之，前后走向的管线如取 OY 轴方向，那么，左右走向的管线则应和 OX 轴方向一致，如图 6-5（b）所示。左右走向和前后走向的管线之所以有两种选轴的方法，这主要是 OX 轴和 OY 轴可以换位的缘故。垂直立管也就是上下走向的管线，不论是哪种选轴法，一般都应与 OZ 轴方向一致。

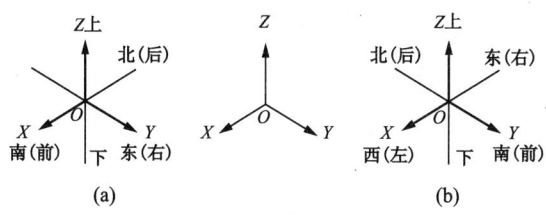

图 6-5　正等轴测轴的选定

二、单路管线的轴测图

画单路管线的轴测图时，首先是分析图形，弄清这路管线在空间的实际走向和具体位置：究竟是左右走向的水平位置，还是前后走向的水平位置，或是上下走向的垂直位置。在确定这路管线的实际走向和具体位置后，就可以确定它在轴测图中同各轴之间的关系。

在图 6-6（a）中，通过对平、立面图的分析可知这是根前后走向的水平位置的管线，在此基础上，可以确定前后走向是 OX 轴，由

于 X、Y、Z 三轴的简化缩短率都是 1∶1,沿轴量尺寸时,可从 O 点起在 OX 轴上用圆规或直尺直接量取管子在平面图上线段的实长,如图 6-6(b)所示。此实长是指平、立面图中线段的长度,并非指由数字标注的真正长度。

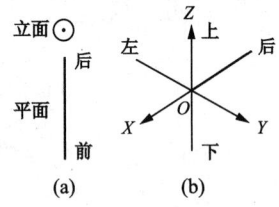

图 6-6 单路管线轴测图之一

在图 6-7(a)中,通过对平、立面图的分析,可知这是根上下走向的垂直管线,在此基础上可以确定上下走向是 OZ 轴,沿轴量尺寸时,可从 O 点起在 OZ 轴上直接量取管子在立面图上的实长。如图 6-7(b)所示。

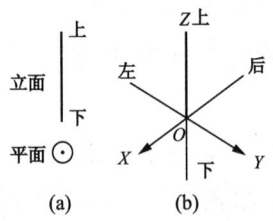

图 6-7 单路管线轴测图之二

在图 6-8（a）中，通过对平、立、侧面图的分析，可知这路是左右走向的水平管线，由此可以确定左右走向为 OY 轴，沿轴量尺寸时，可从 O 点在 OY 轴上直接量取管子在平、立面图上的实长，如图 6-8（b）所示。

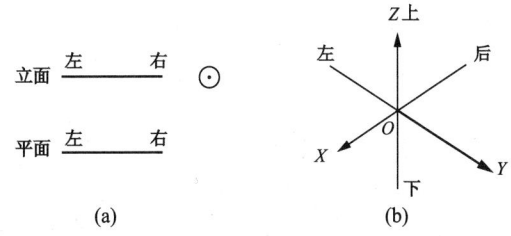

图 6-8　单路管线轴测图之三

三、多路管线的轴测图

在图 6-9（a）中，通过对平、立面图的分析可知，1号、2号、3号管线是左右走向的水平管线，4号，5号是前后走向的水平管线，而且这五根管线标高相同，在此基础上，可以确定前后走向的管线是 OX 轴，那么，OY 轴则应和左右走向的管线一致。在沿轴量尺寸时，不仅可以把尺寸量在三根轴线反方向的延长线上，也可以把尺寸量在三根轴线的平行线上。管线与管线之间的间距和编号应同平面图上间距和编号相一致，如图 6-9

(b) 所示。

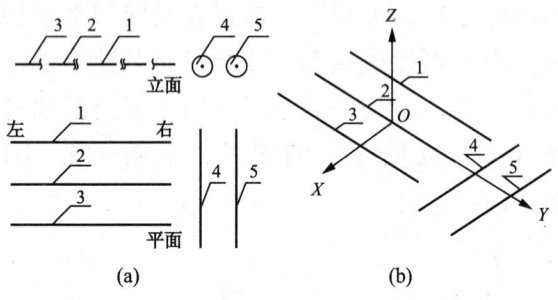

图 6-9 多路管线的轴测图

四、交叉管线的轴测图

在图 6-10（a）中，通过对平、立面图的分析可知，这两路管线，一路是左右走向的水平管线，另一路是前后走向的水平管线，由于两路管线标高不同，所以在平面图上这两路管线所呈现的投影是交叉投影，其交叉角为 90°。选定前后走向的管线与 OX 轴一致。那么 OY 轴则应与左右走向的管线一致（简称定轴定方向）。沿轴量尺寸时，可把 O 点作为中心点，在 OX 和 OY 轴上，分四小段量取管子在平、立面图上的实长。在交叉管线的轴测图中，标高高的或前面的管线应显示完整，标高低的或后面的管线应用断开线的形式加以断开，这样管线才有立体感，如图 6-10（b）所示。

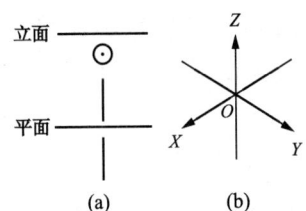

图 6-10　二路交叉管线的轴测图

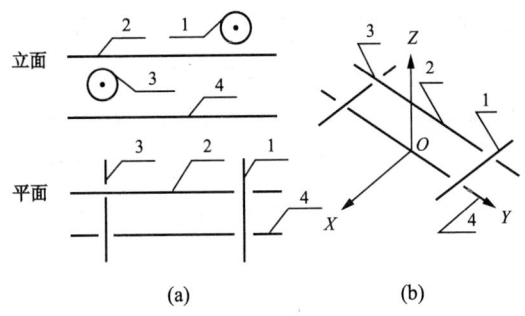

图 6-11　多路交叉管线的轴测图

在图 6-11（a）中，通过对平、立面图的分析可知，在这四路管线中，2 号、4 号是左右走向的水平管线，1 号、3 号是前后走向的水平管线，由于四路管线标高各不相同，所以在平面图上是一组投影互相交叉的图形，其交叉角为 90°。确定 OX 轴与前后走向的水平管线一致，OY 轴则与左右走向的管线一致。沿轴量尺寸时，不仅可以把尺寸量在三根轴的平行线上，也可以把尺寸量在轴线反方向的延长线上。交叉管线轴测图应根据高的管线或前面的管线显示完整,低的管线或后面的管线需断开的原则加以断开,如图6-11(b)所示。

五、弯管的轴测图

在图6-12(a)中,通过对平、立面图的分析可知,这只弯头(角度为90°,下同),可以理解为由左右走向和前后走向的两部分管线连接而成,弯头本身是水平放置的。我们选定 X 轴为前后向,Y 轴为左右向。沿轴量尺寸时要考虑整个弯头的走向,此走向应根据该弯头在空间的实际走向和具体位置来确定,如图6-12(b)所示。

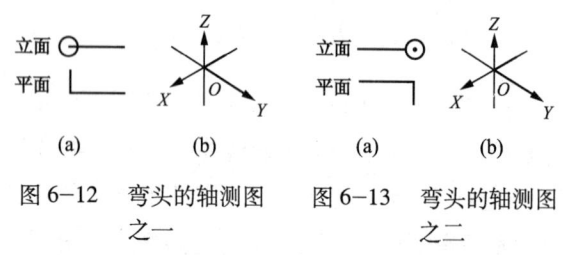

图6-12 弯头的轴测图之一　　图6-13 弯头的轴测图之二

在图6-13中,尽管平、立面图反映出来的弯头也是水平放置的,但是整个弯头的实际走向和具体位置在方向上与图6-12恰好相反。

在图6-14(a)中,这只弯头可以分解成两部分,一部分是垂直部分,断口朝上;另一部分是水平部分，左右走向。通过定轴定方位，沿轴量尺寸，就可以画出这只弯头的轴测图来。

用上述方法分析图 6-14 (b) 可知，这是只垂直部分断口朝下的弯头。

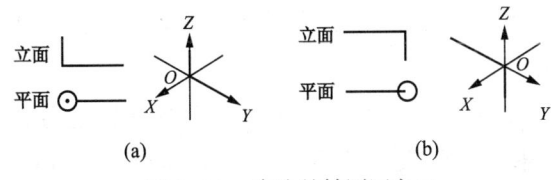

图 6-14　弯头的轴测图之三

六、三通的轴测图

在图 6-15 中，通过对平、立面图的分析可知，这只正三通可以分解成两部分，即一部分是上下走向管线，另一部分是前后走向的管线，并 90° 连接。然后，我们选定 X 轴为前后向，Z 轴为上下向，沿轴量尺寸时要考虑整个三通的走向，此走向应根据该三通在空间的实际走向和具体位置来确定。

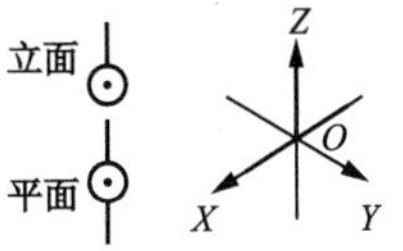

图 6-15　三通的轴测图之一

在图 6-16 中，从平、立面图上反映出来的三通是水平放置的。选轴时，主要考虑 OX 轴和 OY 轴。在 OZ 轴上没有三通管线存在。

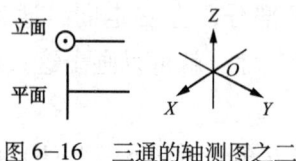

图 6-16　三通的轴测图之二

七、画法举例

例 6　试把平、立面图上的来回弯画成轴测图。

在图 6-17 中，通过对平、立面图的分析可知，这只来回弯是由两只方向相反的 90°弯头所组成，从管线的走向来看主要是左右走向；立管部分是上下走向。我们定 OX 轴为前后向，OY 轴为左右向，OZ 轴为垂直向（在以后练习中，三轴均按此定位）。然后，就可以沿轴向或轴向的平行线量取线段，把所量线段依次连接起来，即得来回弯的轴测图。

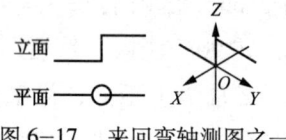

图 6-17　来回弯轴测图之一

在图 6-18 中，通过对平、立面图的分析可知，这是只水平放置的来回弯，没有立管部分，仅有左右和前后走向的管线。因此，沿轴向量尺寸时，OZ 轴上没有可量取的线段，只要把线段的尺寸量在 OX 和 OY 轴及其平行线上即可。

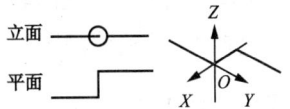

图 6-18　来回弯轴测图之二

例 7　试把平、立面图上的摇头弯画成轴测图。

在图 6-19 中，通过对平、立面图的分析可知，这只摇头弯是由两个方向互成 90°的弯头所组成。从管线走向来看，高的管线是左右走向，低的管线是前后走向，连接这高低管线的是上下走向的垂直立管。定轴定方位后就可以沿轴量尺寸。上下走向的立管，仍旧在 OZ 轴上画成垂直。在立管的上部沿 OY 轴取线段，在立管的下部沿 OX 轴量取线段。依次连接线段时，要考虑整个摇头弯的具体走向，此走向应根据摇头弯在空间的实际走向和位置来确定。

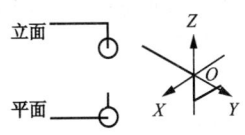

图 6-19　摇头弯轴测图之一

在图 6-20 中，通过对平、立面图的分析可知，管线高的部分是由左右走向和前后走向的管线连接而成，低的部分是垂直立管，而且断口朝下。定轴定方位后，就沿轴量尺寸，把所量线段依次连接后即成轴测图。

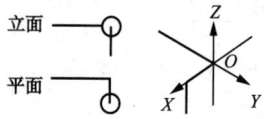

图 6-20　摇头弯轴测图之二

例 8　试把平、立面图上的管线画成轴测图。

在图 6-21 中，通过对平、立面图的分析可知，这路管线实际上是由两只摇头弯所组成，为了便于分析，我们从左至右，从下至上对各段管线进行编号，然后再逐段分析，看看每段管线究竟和哪根坐标轴方向一致。我们把管线分成 6 段，其中 1 段和 4 段是上下走向，2 段和 5 段是前后走向，3 段和 6 段是左右走向，在分析的基础上定轴定方位，然后再沿轴量尺寸。在轴测图中画阀门位置时，应同平面图上的阀门投影相对应。

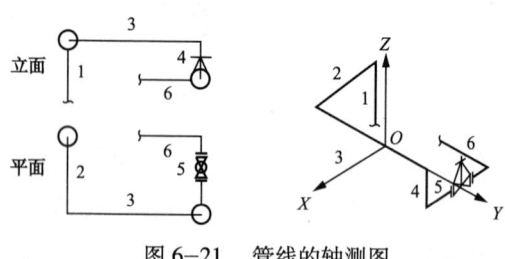

图 6-21　管线的轴测图

第三节 斜等轴测图

一、轴间角和轴向缩短率

在图6-22中,把正立方体的正立面及其两个坐标轴放在平行于投影面的位置进行斜投影,这样得到的轴测图称为斜轴测图。在画斜轴测图时,为画图方便起见,一般把OZ轴放在铅垂位置,并把坐标面XOZ放成平行于轴测投影面的位置。这样轴测轴O_1X_1为水平方向的轴,O_1Z_1,为铅垂方向的轴,轴间角$X_1O_1Z_1$。为90°,轴间角$X_1O_1Y_1$和$Y_1O_1Z_1$为135°;O_1X_1、O_1Y_1和O_1Z_1三轴的轴向缩短率都是1:1,物体上平行于坐标面XOZ的图形,在斜轴测图中反映实形。由此所得的斜轴测图称为斜等轴测图,如图6-22所示。其各轴及轴间角的分布如图6-23所示。

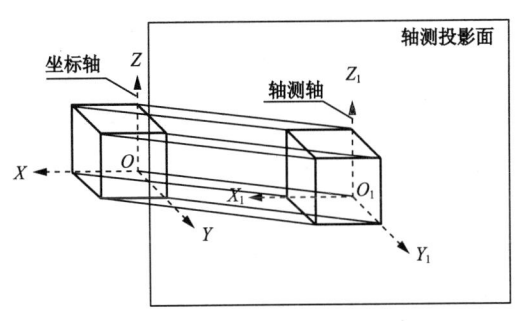

图6-22 斜轴测图的形成

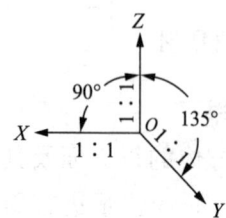

图 6-23 轴间角和轴向变化率

画斜等轴测图时应注意以下几点:

(1) 物体上的直线画在轴测图上仍为直线。空间直线平行某一坐标轴时,画它的轴测投影时,仍应平行于相应的轴测轴。

(2) 空间两直线互相平行,画在斜等轴测图上仍然平行。

(3) 画平行于坐标面 XOZ 的圆的斜等轴测圆时,只要作出圆心的轴测图后,按实形画圆就可以了。而当画平行坐标面 XOY、YOZ 的圆的斜等轴测图时,其轴测投影一般为椭圆。

(4) 轴测轴的方向可以取相反方向,画图时轴测轴可以向相反方向任意延长。

(5) OZ 轴一般画成垂直位置,OY 轴可以放在与 OZ 轴成 135°的另一侧位置上。

画斜等测管道轴测图时,基本上也根据这几条原则,但由于管线投影的复杂性和表现形式的特殊性,也就决定了管道轴测图的复杂性和特殊性。我们常把 OX 轴选定为左右走向的轴,OY 轴选定为前后走向的轴,OZ 轴为上下走向的轴。OY 轴的放置位置同图 6-23 不同,习惯上把它放置在与 OZ 轴成 135°的另一侧位置上，如图 6-24 所示。在这样六个空间方位上，由于三个轴的简化缩短率都是 1∶1，所以沿轴向的管线长度可以根据管道平面图和立(剖)面图上每段管子的实际长度（并非指由数字标注的真正尺寸）用圆规或直尺去直接量取。

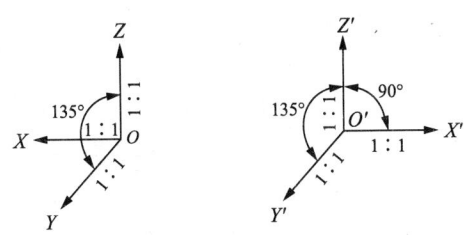

图 6-24　斜等轴测轴的选定

二、单路管线的轴测图

画单路管线的轴测图时，首先是分析图形，弄清这路管线在空间的实际走向和具体位置：究竟是左右走向水平放置，还是前后走向水平放置，还是上下走向垂直放置。在确定了这路管线的实际走向和具体位置后，就可以确定它在轴测图中各轴之间的关系。

在图 4-25（a）中，通过对平、立面图的分析可知，这是一路前后走向水平放置的管线。我们确定前后走向是 OY 轴，由于 X、Y、Z 三轴的简化缩短率都是 1∶1，沿轴量尺寸时，可从

O 点起在 OY 轴上用圆规或直尺直接量取管子在平面图上线段的实长,如图 6-25 (b) 所示。

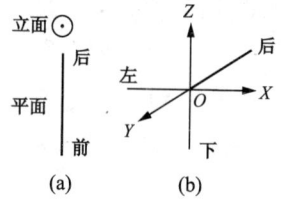

图 6-25　单路管线轴测图之一

在图 6-26 (a) 中,通过对平、立面图分析可知,这是一路上下走向的垂直管线。我们确定上下走向是 OZ 轴,沿轴量尺寸时,可以从 O 点起,在 OZ 轴上直接量取管子在立面图上的实长,如图 6-26 (b) 所示。

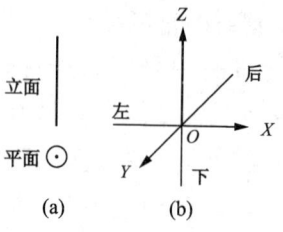

图 6-26　单路管线轴测图之二

在图 6-27 (a) 中,通过对平、立、侧面图的分析可知,这是一路左右走向的水平管线。我们确定左右走向为 OX 轴,沿轴量尺寸时,可从 O 点起在 OX 轴上直接量取管子在平、立面图上的实长,如图 6-27 (b) 所示。

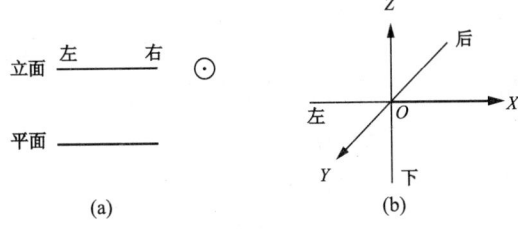

图 6-27　单路管线的轴测图之三

三、多路管线的轴测图

在图 6-28（a）中，通过对平、立面图的分析可知，1号、2号、3号管线是左右走向的水平管线，4号、5号是前后走向的水平管线，而且这五路管线的标高相同。我们确定 OX 轴是左右走向，OY 轴为前后走向，在沿轴量尺寸时，不仅可以把尺寸量在三根轴线反方向的延长线上，也可以把尺寸量在三根轴线的平行线上，管线与管线之间的间距和编号应同平面图上间距和编号一致，如图 6-28（b）所示。

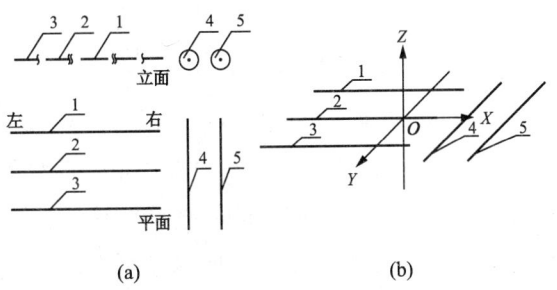

图 6-28　多路管线的轴测图

四、交叉管线的轴测图

在图 6-29 (a) 中,通过对平、立面图的分析可知,这两路管线,一路是左右走向水平管线,另一路是前后走向的水平管线,由于两路管线的标高不同,所以在平面图上的图形是交叉投影,其交叉角为 90°。我们选定左右走向为 OX 轴,OY 轴则为前后走向,沿轴量尺寸时,可以把 O 点作为中心点,在 OX 和 OY 轴上,分四小段量取管子在平、立面图上的实长。在交叉管线的轴测图中,高的或前面的管线应显示完整,标高低的或后面的管线应用断开线的形式加以断开,这样管线才有立体感,如图 6-29 (b) 所示。

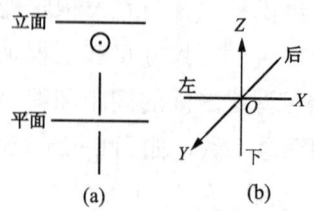

图 6-29 两路交叉管线的轴测图

在图 6-30 (a) 中,通过对平、立面图的分析可知,在这四路管线中,2 号、4 号是左右走向,1 号、3 号是前后走向的水平管线,由于四路管线标高各不相同,所以在平面图上是一组投影互相交叉的图形。其交叉角为 90°,

我们定 OX 轴为左右走向，OY 轴为前后走向，沿轴量尺寸时，不仅可以把尺寸量在三根轴的平行线上，也可以把尺寸量在轴线的反方向的延长线上。交叉管线轴测图，应根据高的或前面的管线显示完整、低的或后面的管线需断开的原则加以断开，如图 6-30（b）所示。

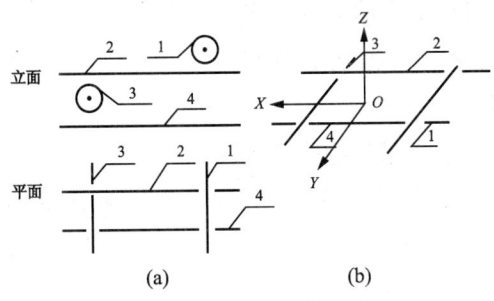

图 6-30 多路交叉管线的轴测图

五、画法举例

例 9 试把弯管的平、立面图画成轴测图。

在图 6-31（a）中，平、立面图反映出来的弯头是水平放置的，弯管的一端断口朝读者。

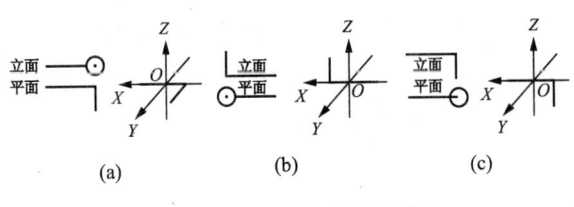

图 6-31 弯管的轴测图

在图6-31（b）中，这只弯头可以分解成两部分，一部分断口朝上；另一部分是水平部分，左右走向。通过定轴定方位，沿轴量尺寸，就可以画出这只弯头的轴测图来。但是，把这只弯管的轴测图图样同立面图的图样一比较，就可以发现图样完全相同，这主要是由于轴测轴 OX 和 OZ 的轴向投影没有变形，仍为实长所致。图6-31（c）也是如此。

六、管道轴测图的识别

识读管道的轴测图时，首先应认真研究管道的平面图和立面图，确切了解管线的走向、分支、转弯及弯头的角度，管道上所连接的设备、阀门、仪表等的位置及有关尺寸。分析轴测轴的选择，确定管道轴测图的类型是正等轴测图还是斜等轴测图之后，根据轴测图的特点，对照视图，沿管道中流体介质的流向，识读设备在视图和轴测图上的位置以及设备与管道在轴测图中的连接情况。在管道轴测投影图中，原来形体中互相平行的面和线在轴测投影图中仍然互相平行，不画或用虚线画出的线条表示不可见部分。

图6-32（a）所示为管道的平、立面图。

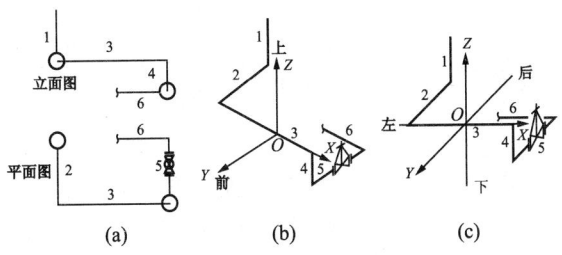

图 6–32 管道轴测图的识别
(a) 管道的平、立面图；(b) 管道的正等轴测图；
(c) 管道的斜等轴测图

通过分析可以看出，在图 6–32 (b) 中，OX 轴为左右走向，OY 轴为前后走向，OZ 轴为上下走向，且 OX 轴与 OZ 轴的轴间角和 OY 轴与 OZ 轴的轴间角相等，此图为正等轴测图。其中，3 号管线与 OX 轴重合，为左右走向；2 号、5 号管线与 OY 轴平行，为前后走向；5 号管段上安装一个法兰阀门，阀杆向上；1 号、4 号管线与 OZ 轴平行，为上下走向。

在图 6–32 (c) 中，OX 轴为左右走向，轴为前后走向，OZ 轴为上下走向，且 OX 轴与 OZ 轴的轴间角为 90°，OY 轴与 OZ 轴的轴间角为 135°，此图为斜等轴测图。其中，3 号管线与 OX 轴重合，为左右走向；2 号、5 号管线与 OY 轴平行，为前后走向；5 号管线上阀门的阀杆方向同 OZ 轴保持一致，阀杆向上；1 号、4 号管线与 OZ 轴平行，为上下走向。

第七章 工艺管路安装图训练

第一节 管线、管件、阀件基础识图及基础训练

根据图 7-1 至图 7-102 的立面图、平面图、左侧立面图画出正等轴测图、斜等轴测图（每一小题图 (a) 为立面图、图 (b) 为平面图）。

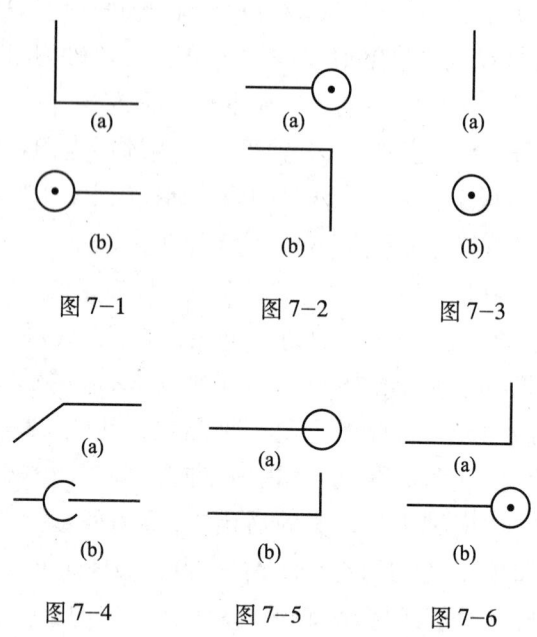

图 7-1　　　　图 7-2　　　　图 7-3

图 7-4　　　　图 7-5　　　　图 7-6

油气管线安装识图

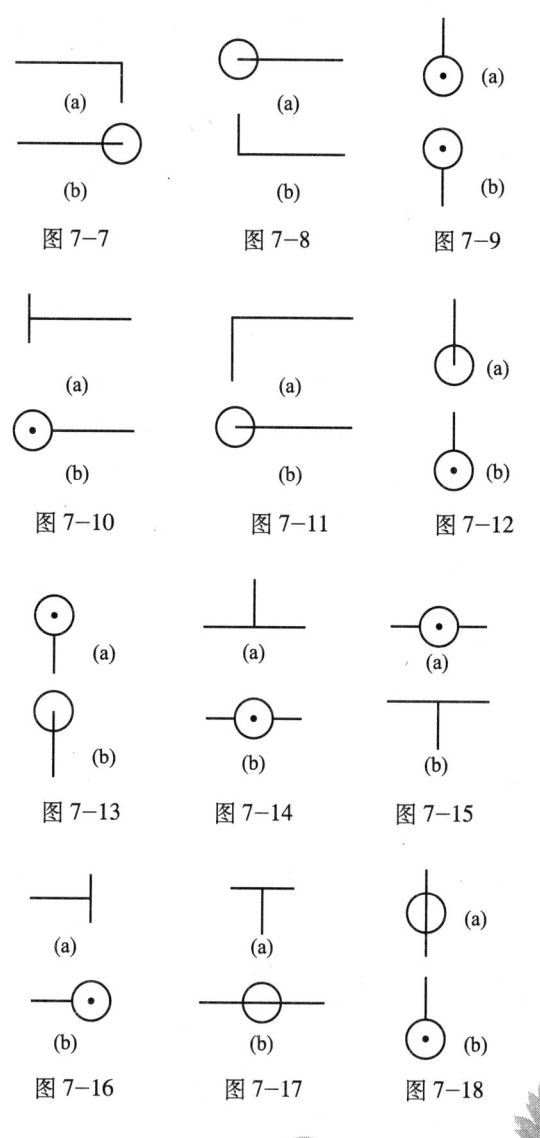

图 7-7　　　　图 7-8　　　　图 7-9

图 7-10　　　图 7-11　　　图 7-12

图 7-13　　　图 7-14　　　图 7-15

图 7-16　　　图 7-17　　　图 7-18

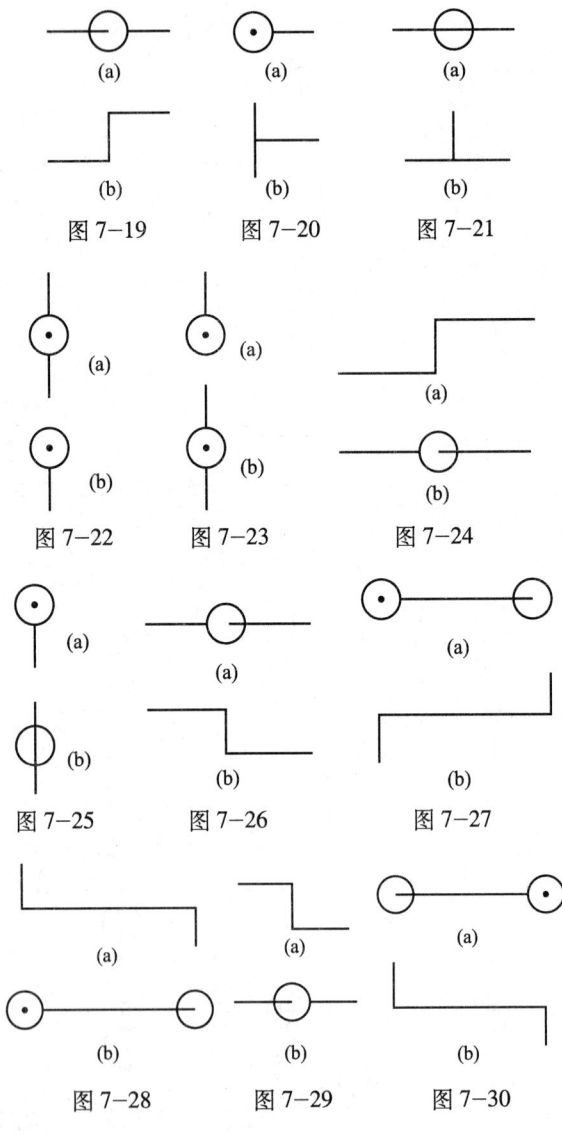

图 7-19　　　图 7-20　　　图 7-21

图 7-22　　　图 7-23　　　图 7-24

图 7-25　　　图 7-26　　　图 7-27

图 7-28　　　图 7-29　　　图 7-30

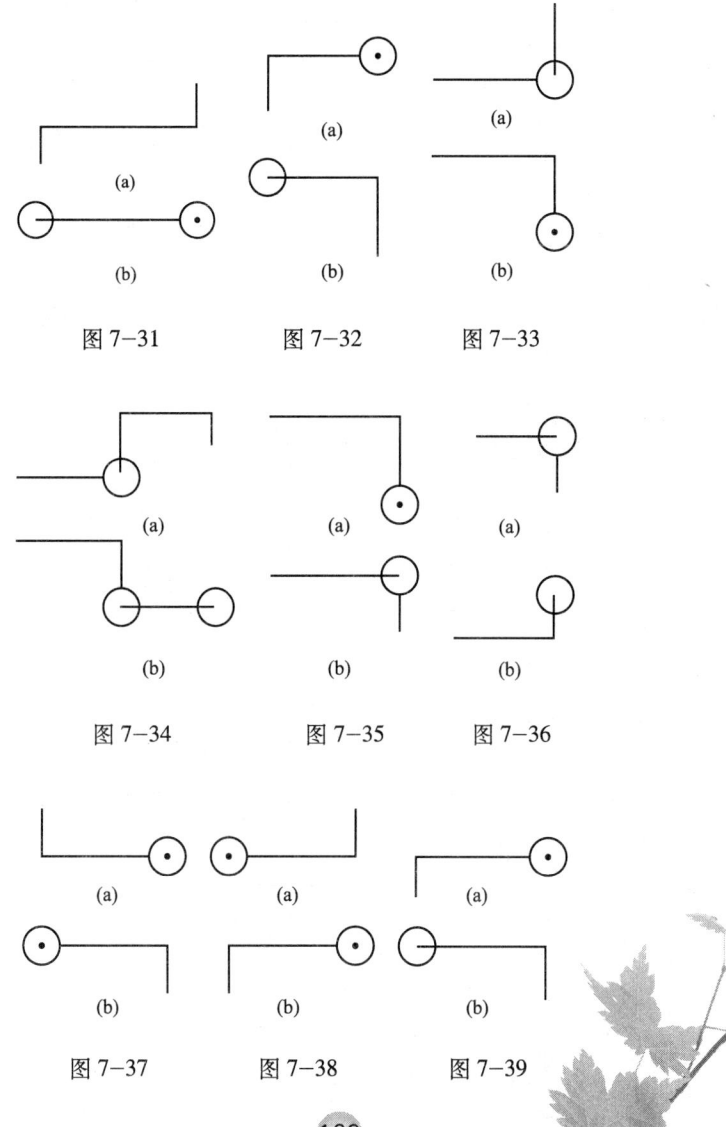

图 7-31　　　　图 7-32　　　　图 7-33

图 7-34　　　　图 7-35　　　　图 7-36

图 7-37　　　　图 7-38　　　　图 7-39

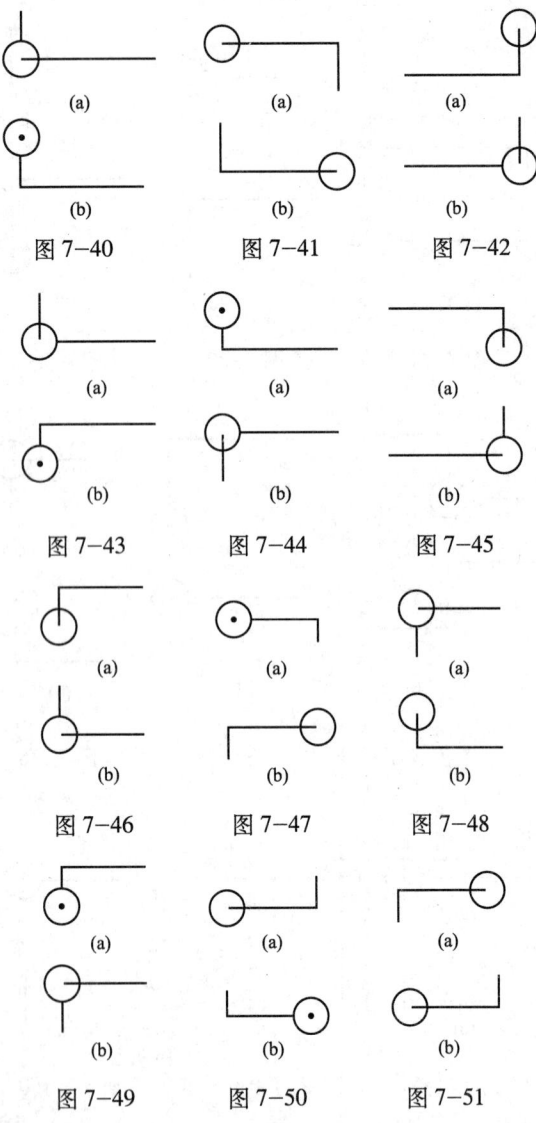

图 7-40　　　图 7-41　　　图 7-42

图 7-43　　　图 7-44　　　图 7-45

图 7-46　　　图 7-47　　　图 7-48

图 7-49　　　图 7-50　　　图 7-51

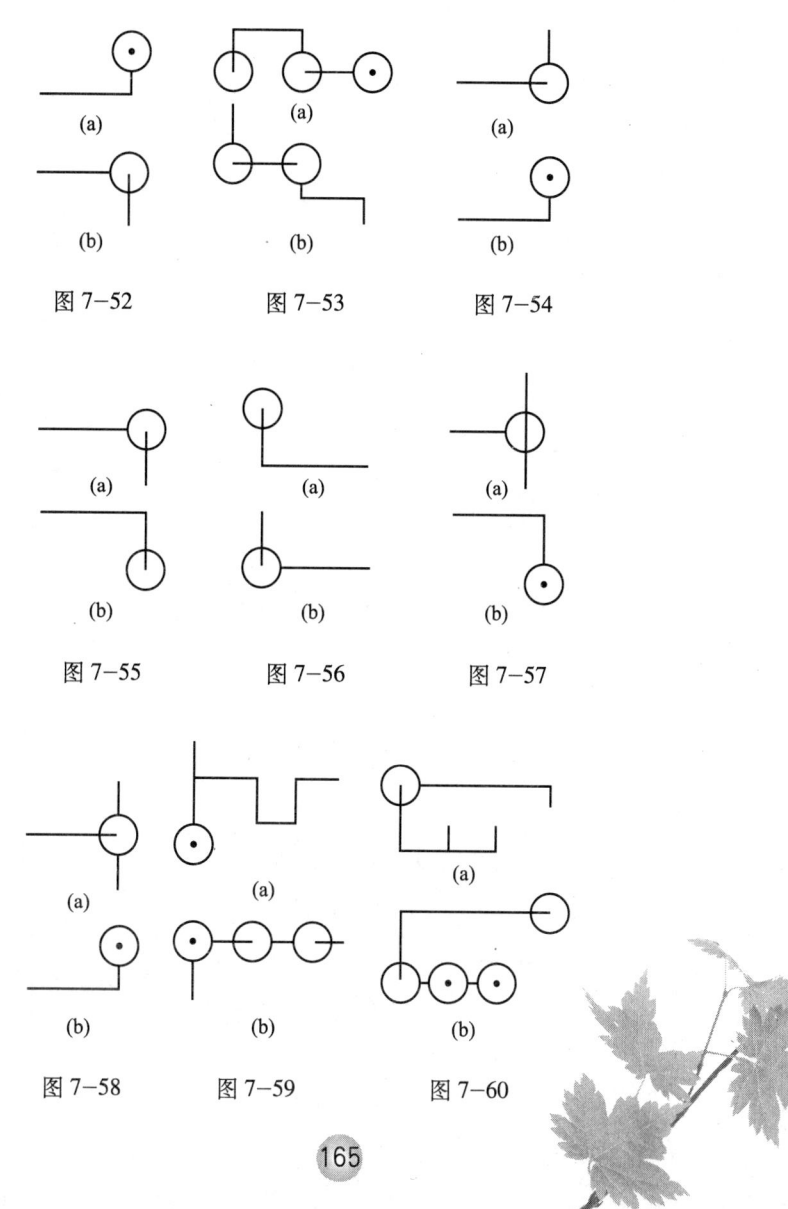

图 7-52　　　　图 7-53　　　　图 7-54

图 7-55　　　　图 7-56　　　　图 7-57

图 7-58　　　　图 7-59　　　　图 7-60

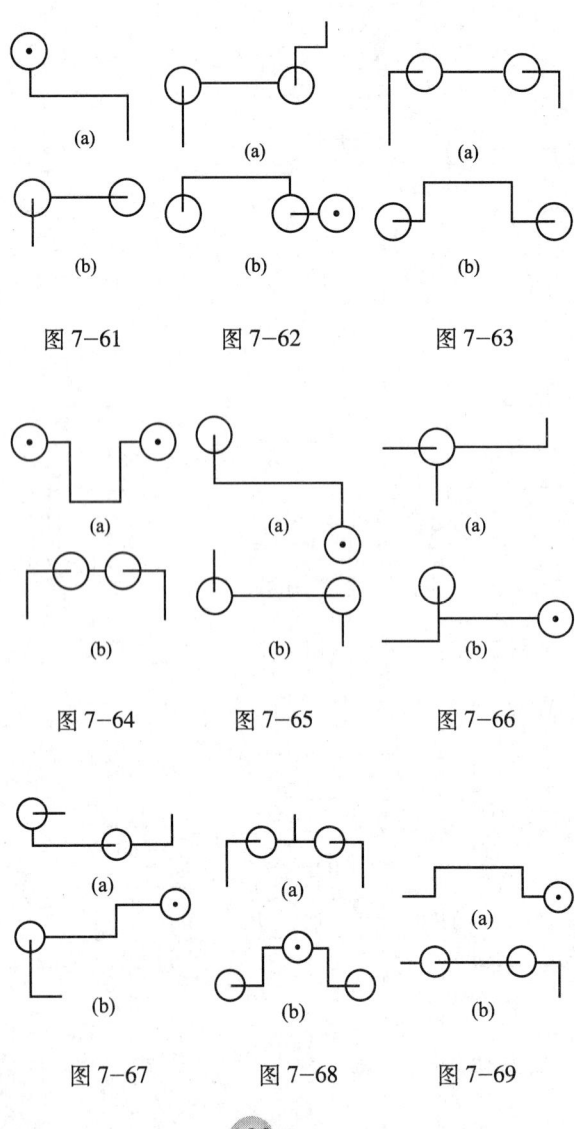

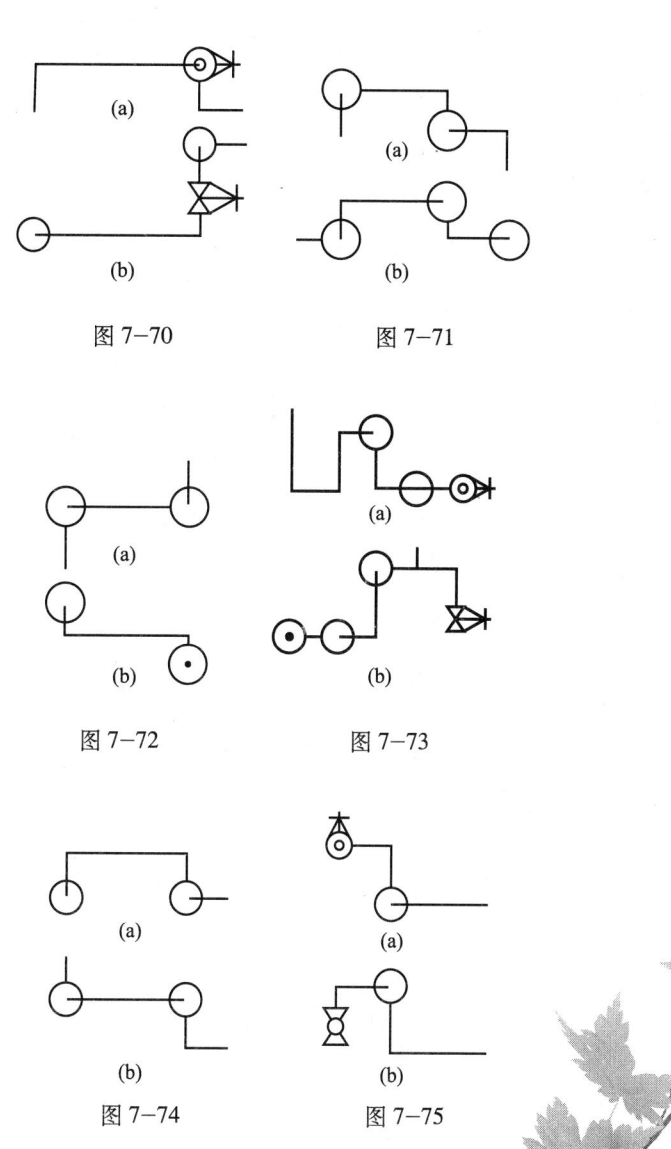

图 7-70

图 7-71

图 7-72

图 7-73

图 7-74

图 7-75

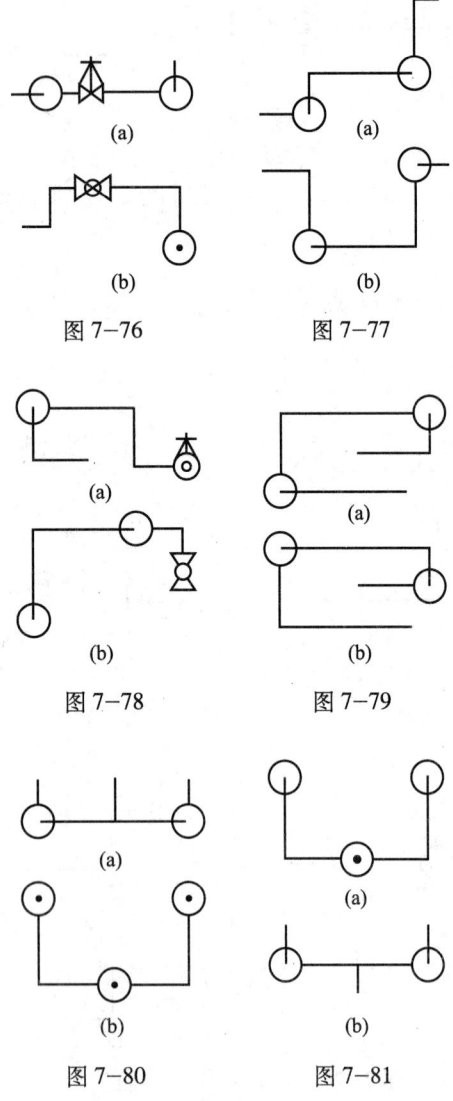

图 7-76

图 7-77

图 7-78

图 7-79

图 7-80

图 7-81

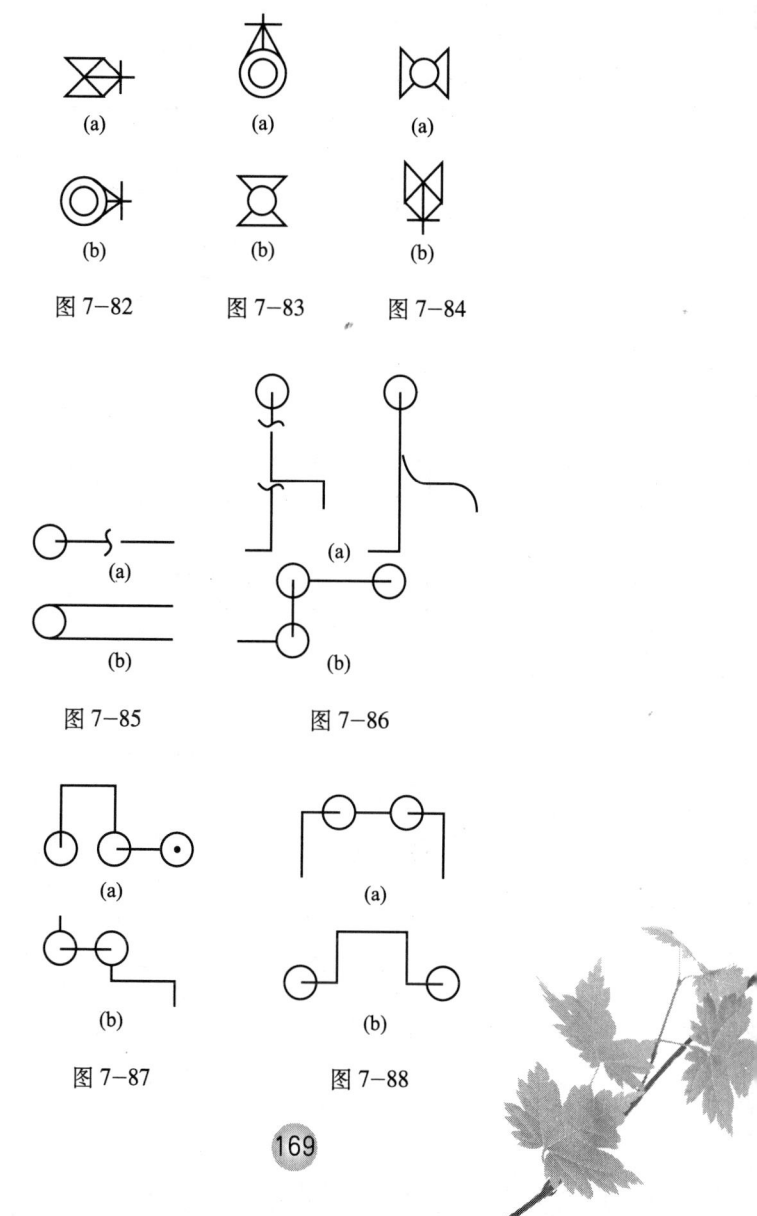

图 7-82　　图 7-83　　图 7-84

图 7-85　　图 7-86

图 7-87　　图 7-88

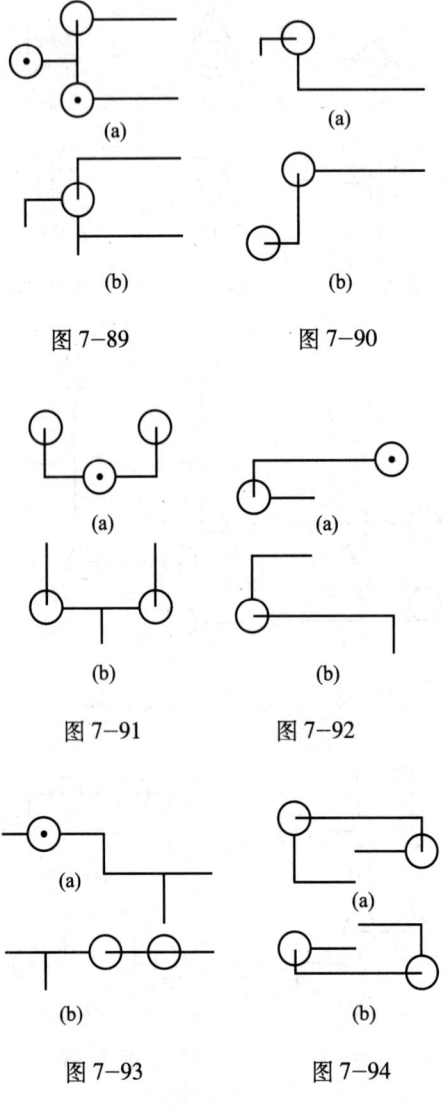

图 7-89　　　　图 7-90

图 7-91　　　　图 7-92

图 7-93　　　　图 7-94

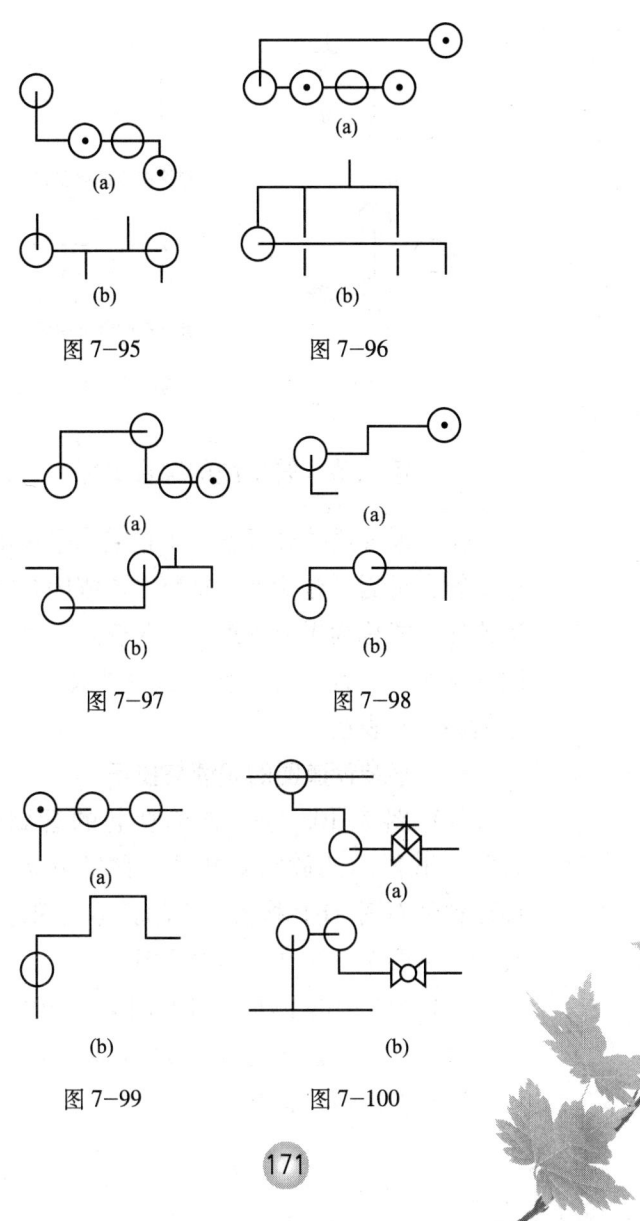

图 7-95

图 7-96

图 7-97

图 7-98

图 7-99

图 7-100

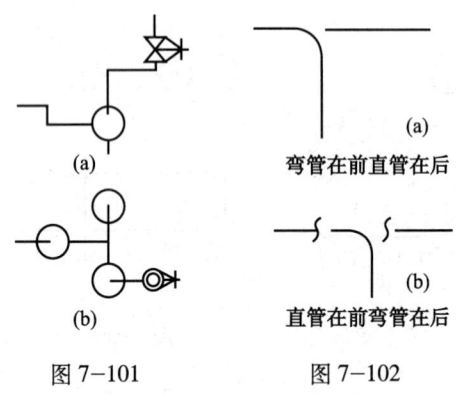

图 7-101　　　　图 7-102

第二节　管路图的综合训练

在一根管线的总汇管上垂直或水平接出若干支管，最后通过活接头把整个流程闭合的管道连接方式称为平装管道。平装管道可以三视图（主视、平面、左视图）或两视图（立面、平面图）来表达。

一、平装管道图的识读与技巧

（1）图 7-103 是一张单管起的管路图，它是一张简单的放空安装图。它是由立面图（a）和平面图（b）构成。它的具体空间走向、轴测图见图 7-104（正等轴测图）。

（2）图 7-105 的正等轴测图见 7-106。

二、看平装管路图的总体思路和方法

（1）看视图，想形状。

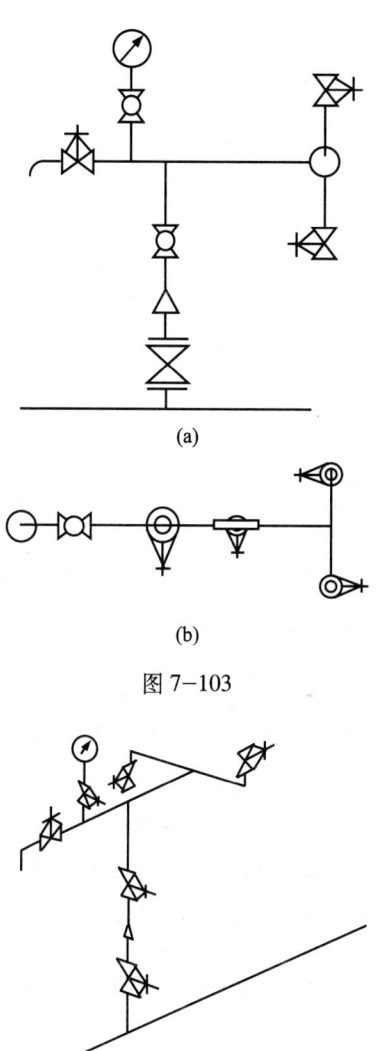

(a)

(b)

图 7-103

(a)

图 7-104

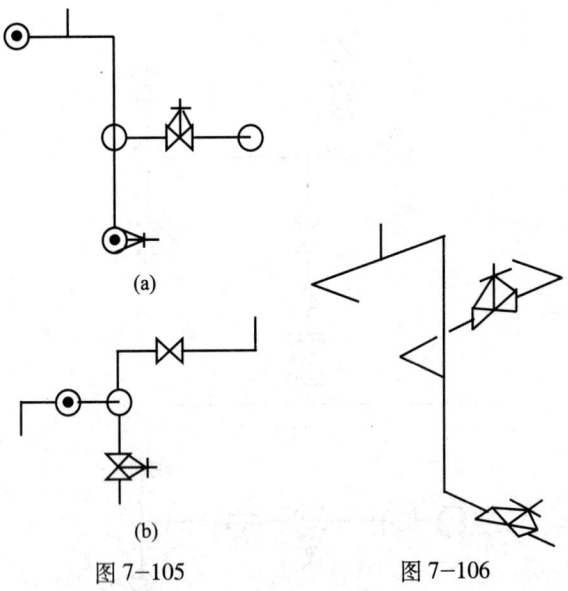

图 7-105　　　　图 7-106

(2) 对号入座，找关系。

(3) 合起来看。先整体看懂了诸视图的各部分形状后，再根据它们相应的投影关系综合起来想象，对各路管线形成一个完整的认识，就可以在脑子里把整个管线的立体形状、空间走向、完整地勾画出来了。这样，我们就可以把它们的系统轴测图完整地画出来了。

第三节　综合训练——平装管道安装图训练

请把图 7-107 至图 7-144 的立面图、平面图、左侧面图或单张图用正等轴测图或斜等轴测图画出来。

在每张图里图（a）为立面图，图（b）为平面图，单图（a）的为立面图。

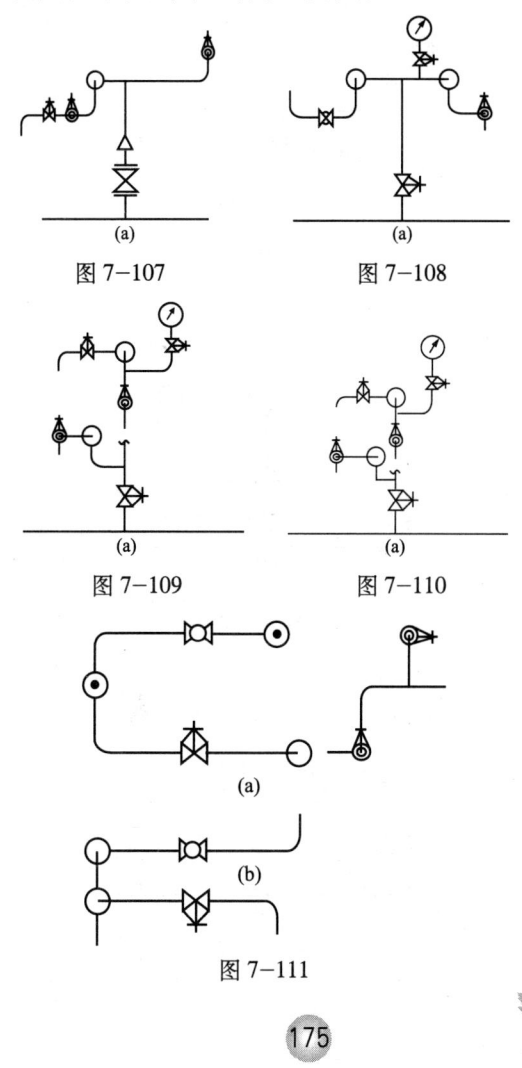

图 7-107

图 7-108

图 7-109

图 7-110

图 7-111

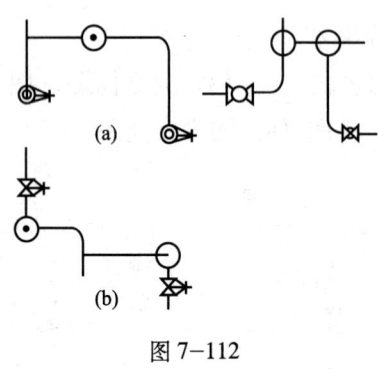

图 7-112

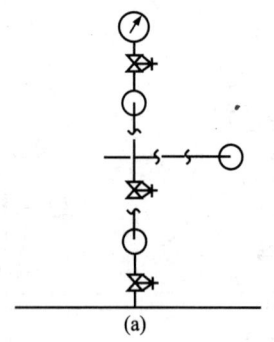

图 7-113

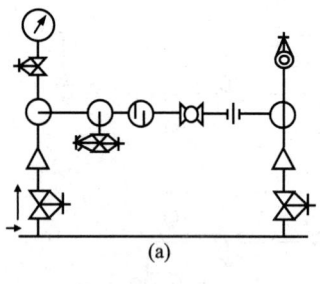

图 7-114

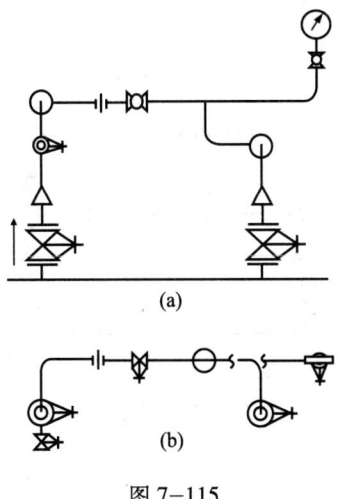

图 7-115

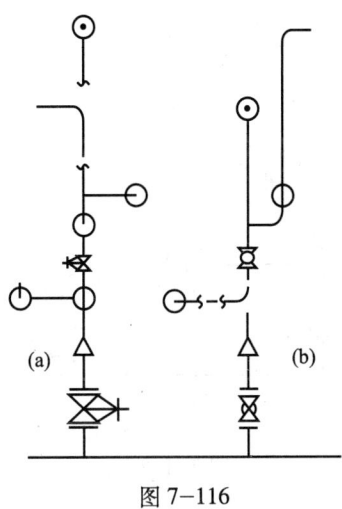

图 7-116

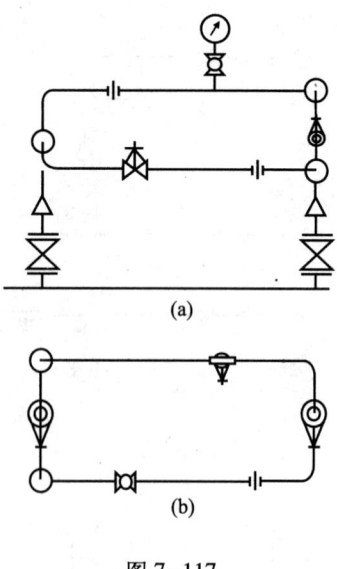

图 7-117

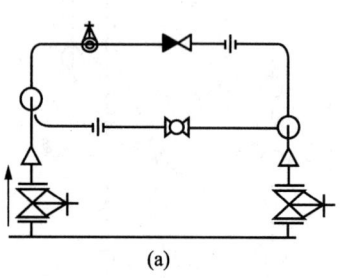

图 7-118

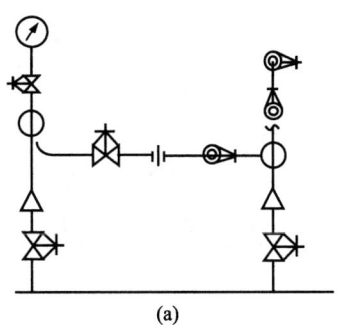

图 7-119

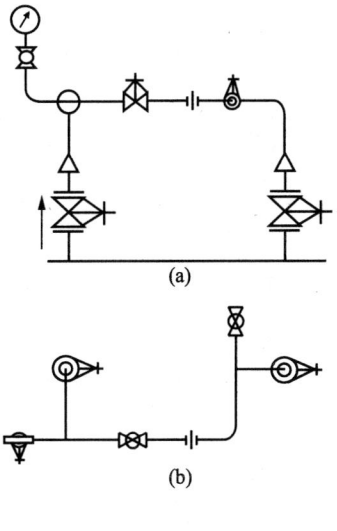

图 7-120

图 7-121

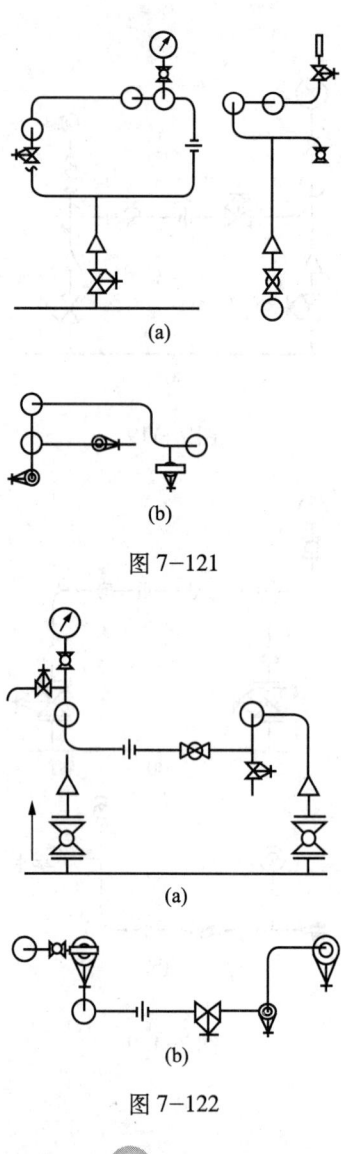

图 7-122

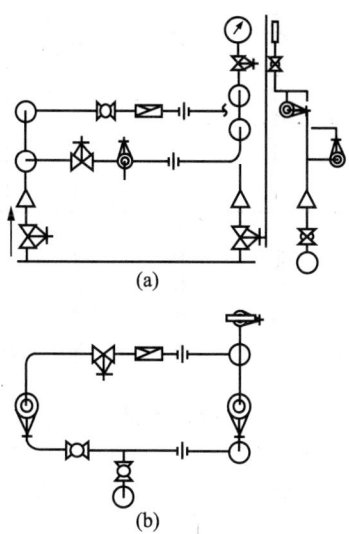

图 7-123

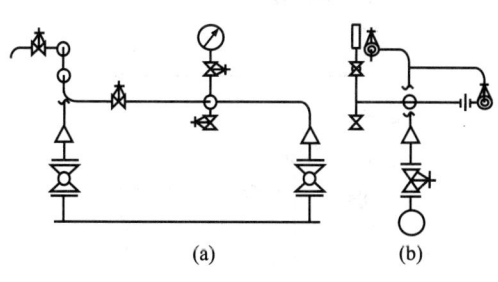

图 7-124

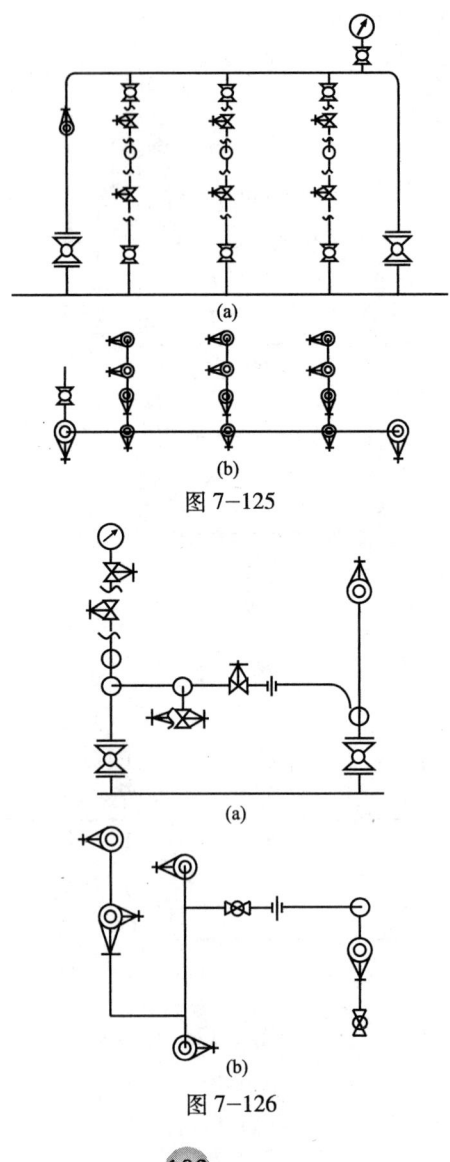

图 7-125

图 7-126

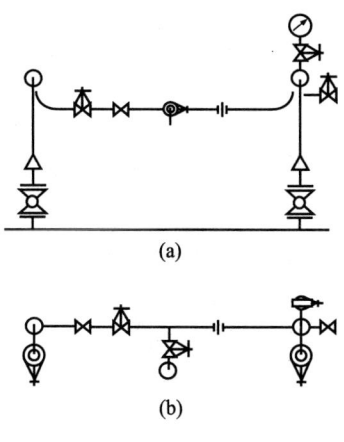

图 7-127

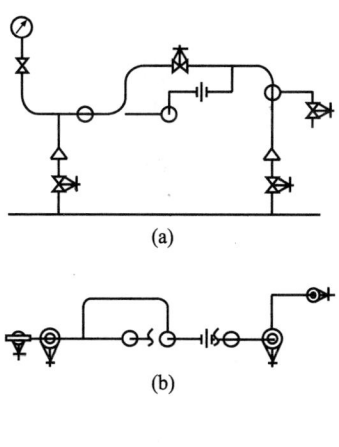

图 7-128

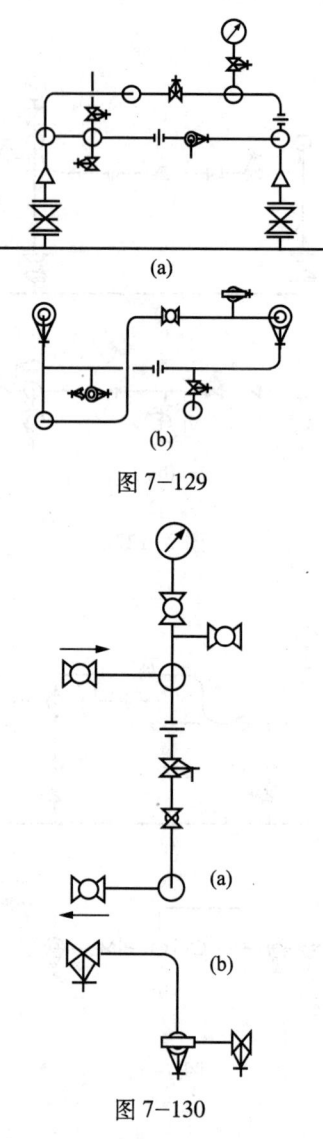

图 7-129

图 7-130

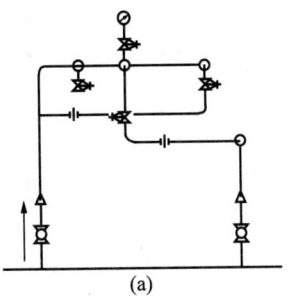

图 7—131

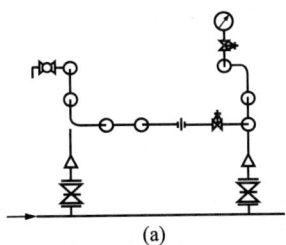

图 7—132

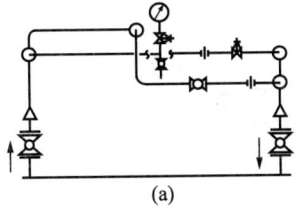

图 7—133

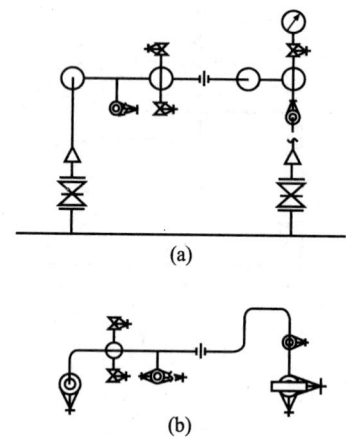

图 7-134

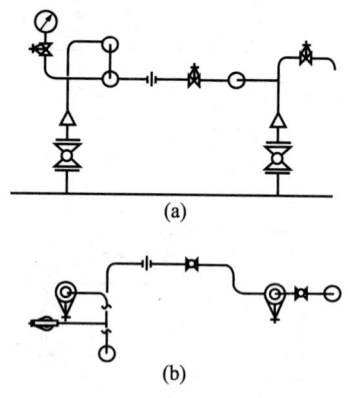

图 7-135

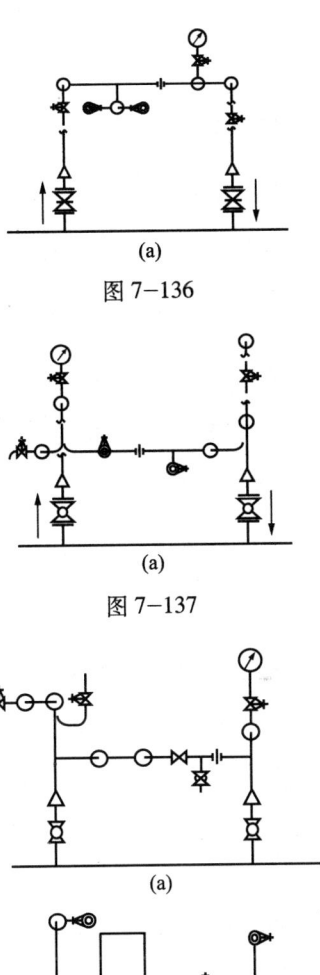

图 7-136

图 7-137

图 7-138

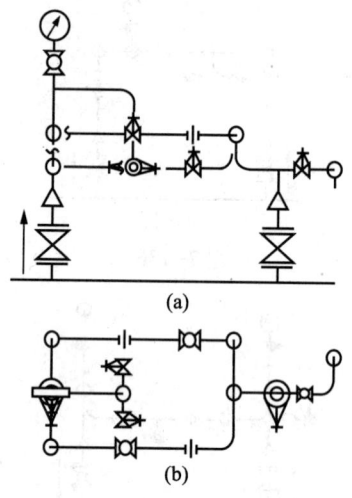

图 7-139

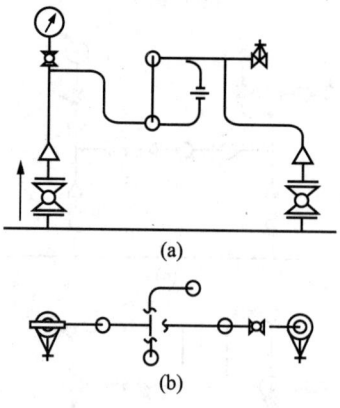

图 7-140

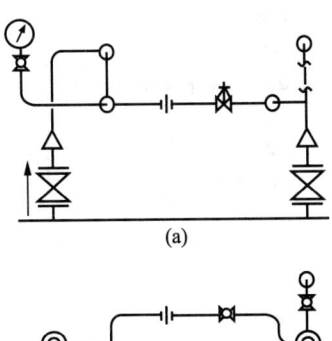
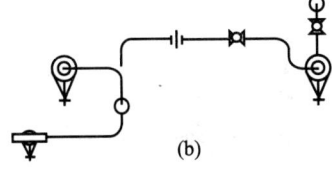

图 7-141

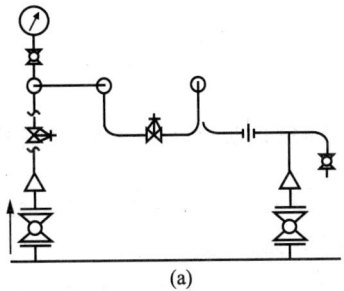
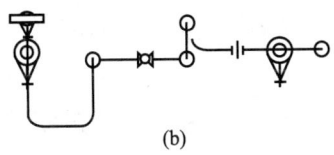

图 7-142

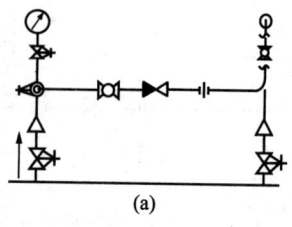

图 7-143

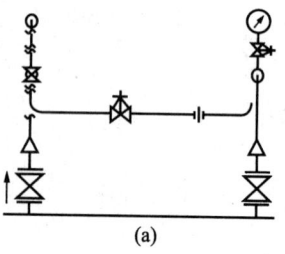

图 7-144

第四节　综合训练——立装管道安装图训练

在平行的上下两条管线的总汇管上接出若干支管,最后通过活接头把整个流程闭合的管道连接方式称为立装管道。立装管道可以通过立面图(主视图)、左侧立面图(左视图)来表达。

从例 10 开始均为立装管道安装图。在每张图里(a)为立面图,(b)为左侧立面图,单图为立面图。

例 10　图 7-146 为图 7-145 管道的正等轴测图。

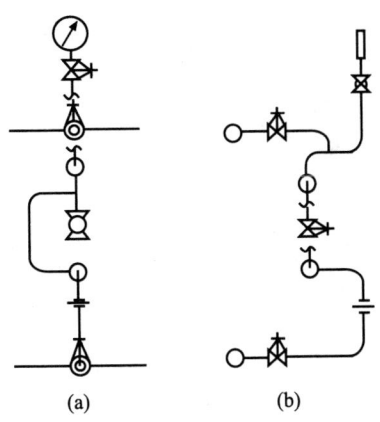

图 7-145

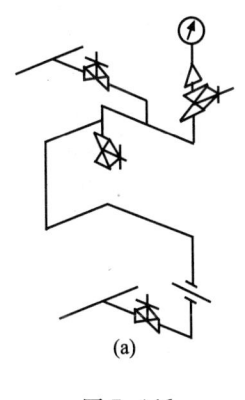

图 7-146

例 11　在图 7-147 中 (a) 是立面图，(b) 是左侧立面图。图 7-148 则为它的正等轴测图。

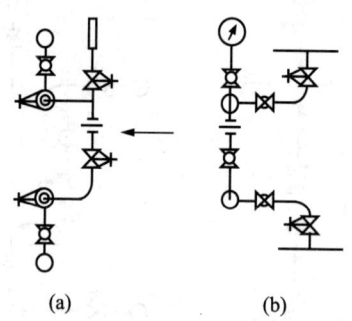

图 7-147

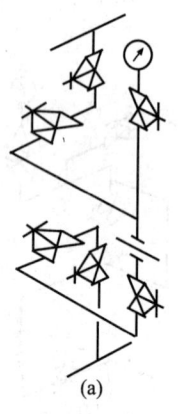

图 7-148

例12 在图7-149中立面图是站在汇管正面方向看的。图7-150则为它的正等轴测图。

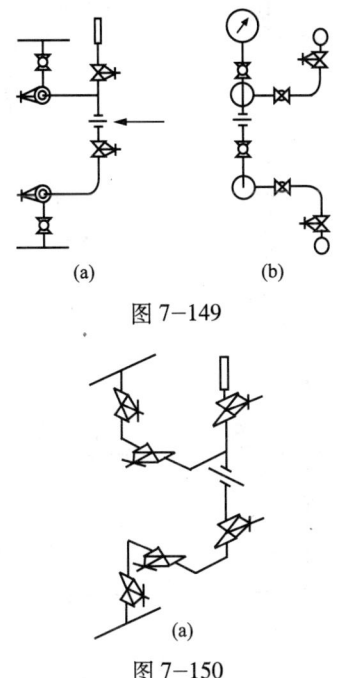

图7-149

图7-150

请把图7-151至图7-184的立面图、平面图、左侧立面图或单张图用正等轴测图画出来，如有模拟工艺流程条件的可以进行模拟安装训练。

在每张图里，(a)图为立面图、(b)图为左侧立面图或A向图，单图为立面图，目的主要是训练大家的识图、空间想象能力。

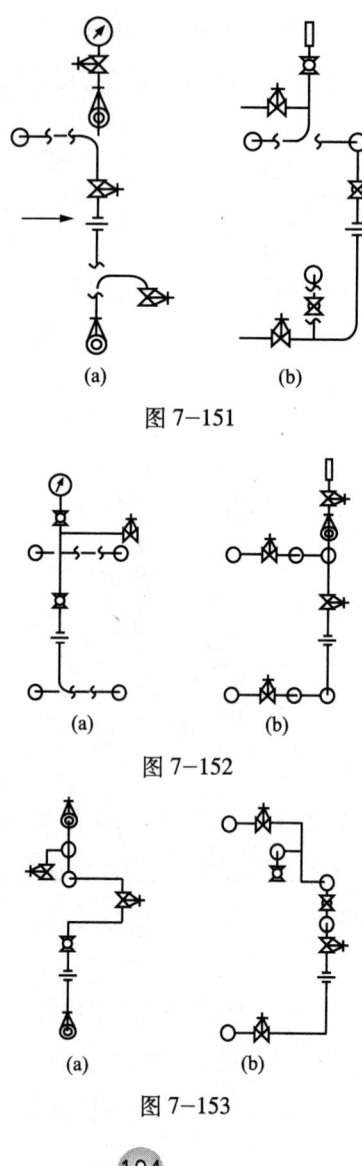

图 7-151

图 7-152

图 7-153

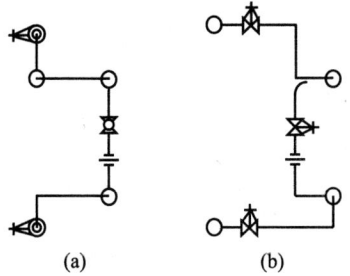

图 7-154

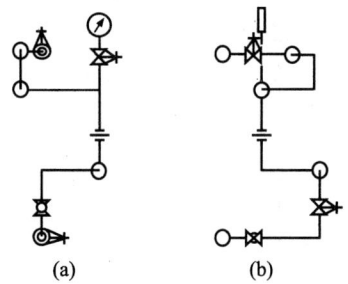

图 7-155

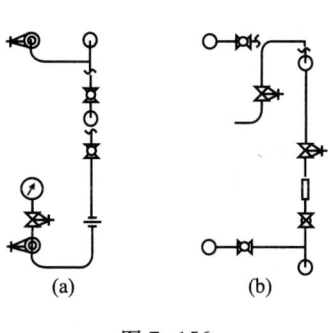

图 7-156

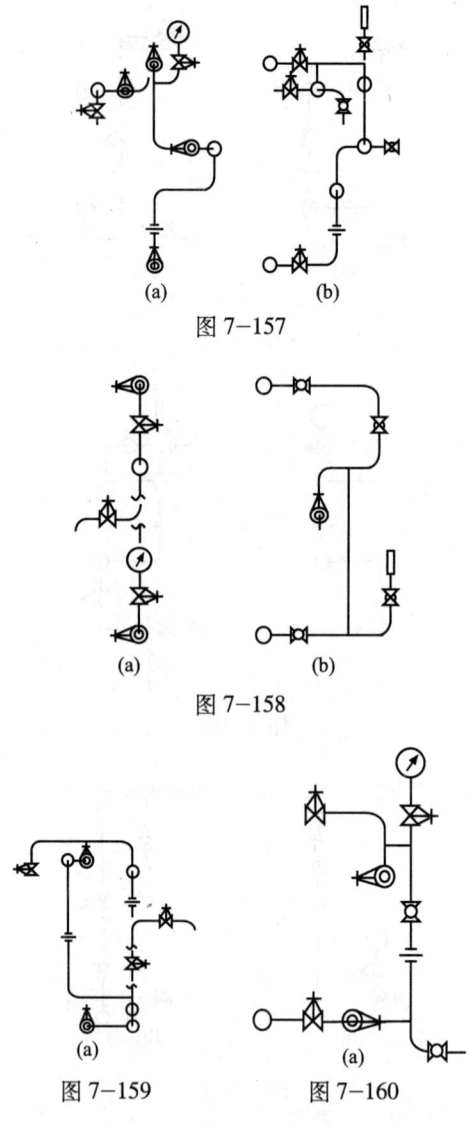

图 7-157

图 7-158

图 7-159　　图 7-160

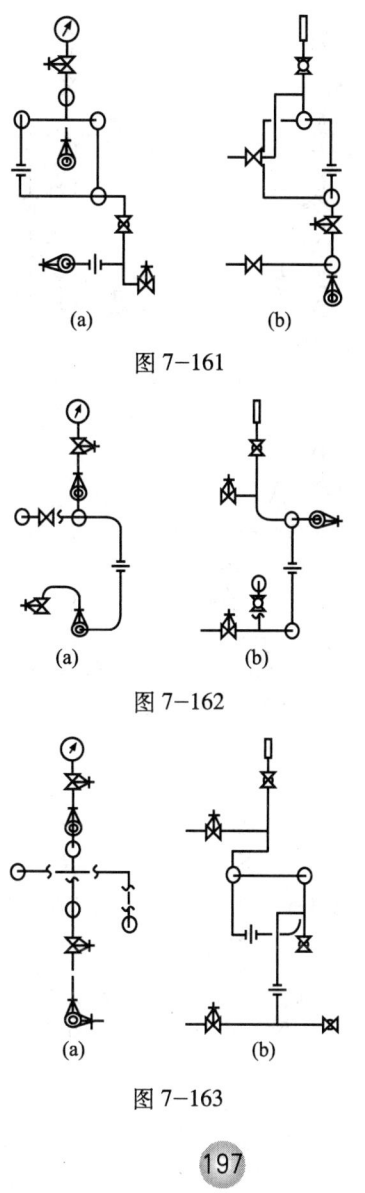

图 7-161

图 7-162

图 7-163

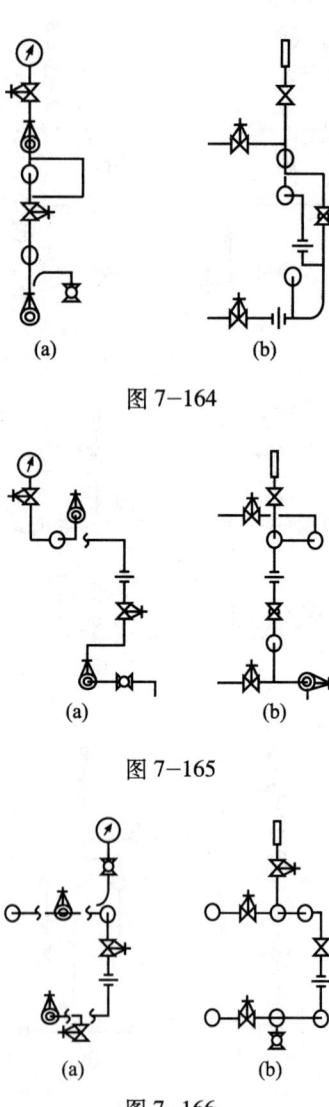

图 7-164

图 7-165

图 7-166

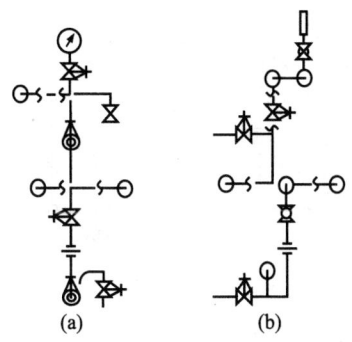

图 7-167

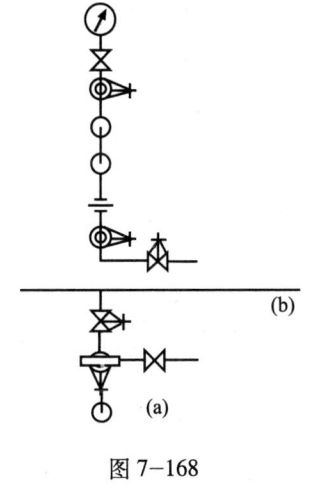

图 7-168

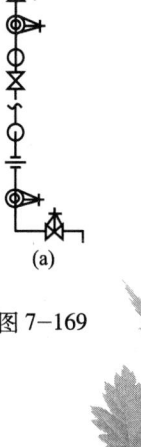

图 7-169

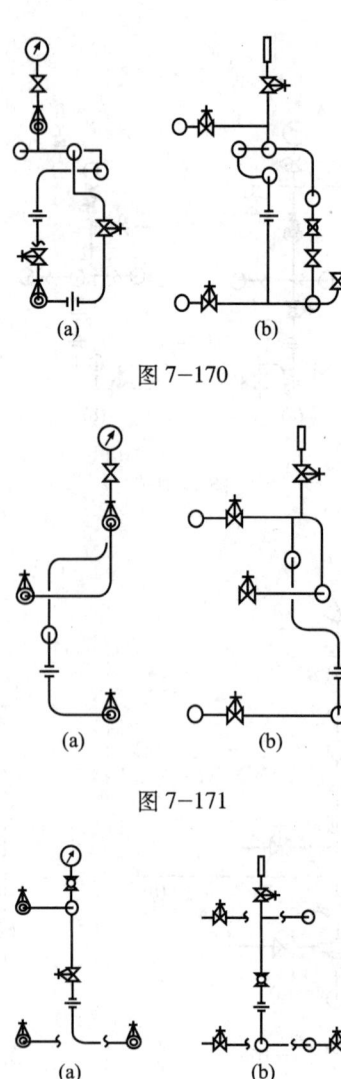

图 7-170

图 7-171

图 7-172

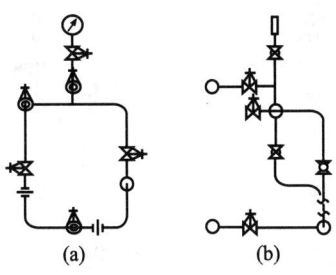

图 7-173

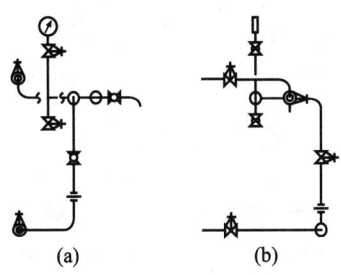

图 7-174

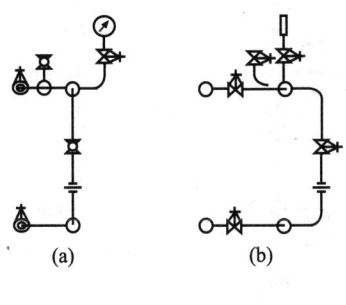

图 7-175

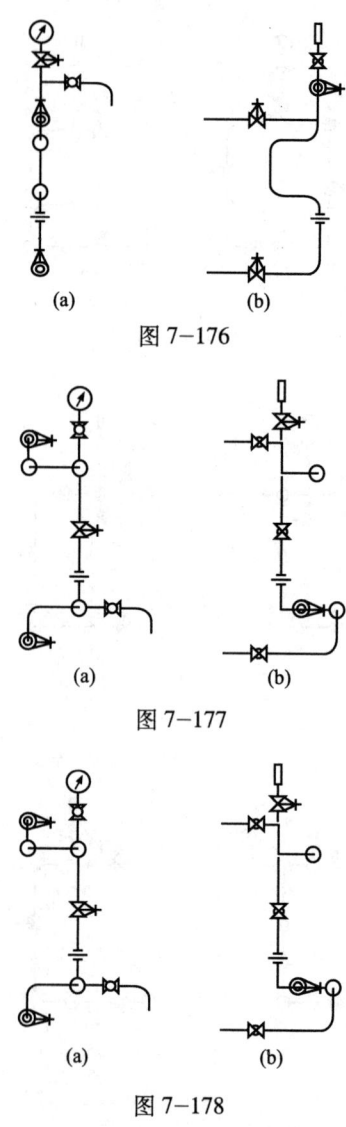

图 7-176

图 7-177

图 7-178

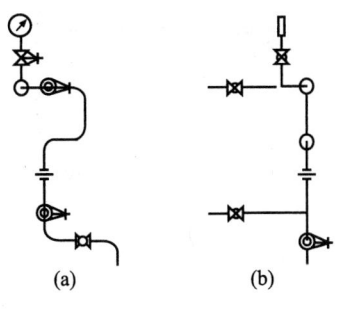

图 7-179

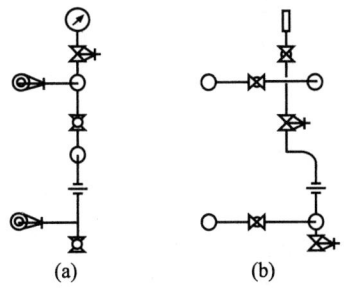

图 7-180

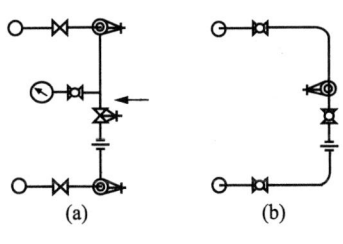

图 7-181

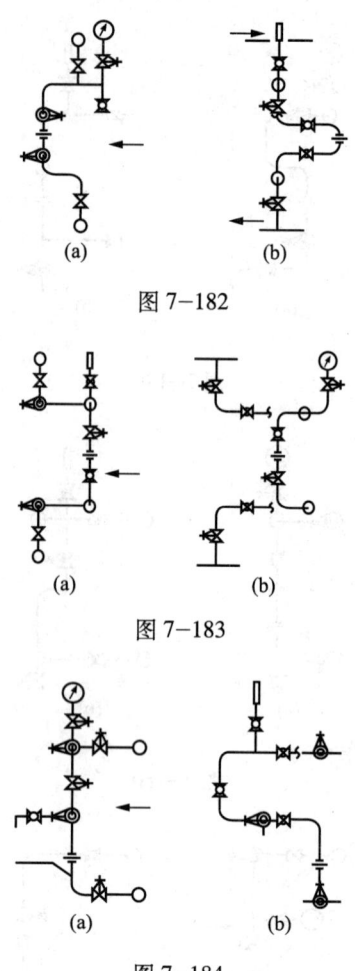

图 7-182

图 7-183

图 7-184

参 考 文 献

[1] 李永红,刘庆山编著.水暖安装工程识图与预算入门.北京:人民邮电出版社,2005.

[2] 朱介瑞主编.管工工艺.北京:石油工业出版社,1988.

[3] 胡忆沩,杨梅,江培栋编著.管道制图.北京:化学工业出版社,2005.

[4] 王旭,王裕林编著.管道工识图教材.上海:上海科学技术出版社,1984.

[5] 劳动部教材办公室组织编写.管工识图.北京:中国劳动出版社,1996.

[6] 张金和编著.图解管道安装操作技术.北京:中国电力出版社,2005.

[7] 张艳梅主编.管道安装工艺与实习.北京:中国劳动社会保障出版社,2000.

[8] 游德文主编.管道安装工程(上).北京:化学工业出版社,2004.